U0319677

现代岩石力学与重大工程建设教学研用研讨会会议纪实

主办方：北京科技大学

时间：2023 年 4 月 8 日

地点：北京·中华全国总工会国际交流中心

北 京

冶金工业出版社

2024

图书在版编目（CIP）数据

现代岩石力学与重大工程建设教学研用研讨会会议纪
实／北京科技大学主编． -- 北京：冶金工业出版社，
2024.12. -- ISBN 978-7-5240-0082-2

Ⅰ．TU45-53

中国国家版本馆 CIP 数据核字第 2025Q2L680 号

现代岩石力学与重大工程建设教学研用研讨会会议纪实

出版发行	冶金工业出版社		**电　话**	（010）64027926	
地　址	北京市东城区嵩祝院北巷 39 号		**邮　编**	100009	
网　址	www.mip1953.com		**电子信箱**	service@ mip1953.com	

责任编辑　曾　媛　赵缘园　美术编辑　彭子赫　版式设计　郑小利
责任校对　石　静　责任印制　窦　唯
北京捷迅佳彩印刷有限公司印刷
2024 年 12 月第 1 版，2024 年 12 月第 1 次印刷
710mm×1000mm　1/16；8.5 印张；129 千字；129 页
定价 120.00 元

投稿电话　（010）64027932　投稿信箱　tougao@cnmip.com.cn
营销中心电话　（010）64044283
冶金工业出版社天猫旗舰店　yjgycbs.tmall.com
（本书如有印装质量问题，本社营销中心负责退换）

前　　言

在当今时代，岩石力学作为一门重要的交叉学科，正处于蓬勃发展的阶段。在重大工程建设领域，岩石力学的作用无可替代。除了常见的大型水电工程大坝、交通隧道、大型矿山开采作业外，深地工程开采更是对岩石力学的研究与发展提出了更高的要求。深地环境复杂恶劣，高地应力、高地温、高渗透压等极端条件并存，岩石力学在此背景下致力于解决深部资源开发中的围岩稳定性控制、开采技术优化等难题，为保障工程安全高效推进提供核心支撑。随着人类探索宇宙的步伐加快，未来行星岩石力学也将成为新兴的重要研究方向。地外星球的岩石在成分、结构以及所处的物理环境等方面与地球岩石存在差异，对其力学特性的研究有助于未来外星基地建设、资源开发等任务的规划与实施。

目前，科技的迅猛发展让岩石力学在理论研究上不断深入，先进的数值模拟方法、微观测试手段以及多场耦合分析方法等，使人们对岩石从宏观的地质构造应力分析到微观的晶体结构与力学行为关联等基本力学性质和破坏机理有了更精准全面的认知。现代岩石力学与重大工程建设教学研用的有机结合意义非凡且极为必要。在教学层面，融入前沿成果与实际案例可培育实践与创新型专业人才，契合工程建设需求增长的趋势。在研究层面，教学互动与实际工程探讨能为学科创新开辟新径。在应用层面，教学研用协同可加速科研成果转化，提升工程建设质效。

本次"现代岩石力学与重大工程建设教学研用研讨会"云集了全国各地的专家学者、工程技术人员与教育工作者。会议流程丰富紧凑，多场主题报告涵盖岩石力学最新理论、重大工程应用实践及教学方法创新等内容，深度交流精彩纷呈；分组讨论环节，各方围绕岩石力学与工程建设热点各抒己见，思想碰撞激烈；还有技术展示与成果推广环节助力新技术、新方法在行业内的广泛传播与应用。本次会议纪要详尽记录了会议议程与主要内容，总结归纳了专家的报告要点。本书不仅是此次会议的成果结晶，也将为岩石力学行业在教学、研究与工程应用等方面提供极具价值的参考，有力推动整个行业迈向更科学、高效、创新的新征程。

目　　录

第四部分　教学研用报告

第五部分　特邀嘉宾及与会代表名单

概　　述

　　2023 年 4 月 8 日，恰逢北京科技大学建校 71 周年之际，由北京科技大学主办的"现代岩石力学与重大工程建设教学研用研讨会"在北京中华全国总工会国际交流中心召开。

　　中国工程院蔡美峰院士、康红普院士、杨春和院士、葛世荣院士，北京科技大学原党委书记罗维东教授，北京科技大学原校长徐金梧教授，河南科技大学校长孔留安教授，西安科技大学校长来兴平教授，中铁十五局集团有限公司党委书记、董事长黄昌富教授，河南省企业联合会、企业家协会会长梁铁山教授级高工，山东能源集团有限公司董事长兼党委书记李伟教授级高工（由总工程师孙希奎教授级高工代为出席），西安音乐学院党委书记张立杰教授，北京科技大学副校长张卫冬教授，北京科技大学原党委副书记张文明教授，北京科技大学校务委员会副主任、原副校长吴爱祥教授，科技部社发司原处长延吉生女士，以及北京科技大学、中国矿业大学（北京）、河海大学、中国地质大学（北京）、西安科技大学、宁波大学、江西理工大学、内蒙古科技大学、辽宁科技大学、华北科技学院、矿冶科技集团有限公司、中国钢铁工业协会、中钢矿业开发有限公司、中国煤炭科工集团、泛华建设集团等相关高校、科研院所和企业的现任及原任领导、专家、学者250 余人出席了本次研讨会。

"现代岩石力学与重大工程建设教学研用研讨会"现场

第一部分

开幕仪式

吴爱祥　主持

北京科技大学原校务委员会副主任、副校长

　　主持人吴爱祥教授首先介绍出席研讨会的嘉宾：中国工程院院士、北京科技大学教授蔡美峰先生，中国工程院院士、中国矿业大学（北京）校长葛世荣先生，中国工程院院士、中国煤炭科工集团有限公司首席科学家康红普先生，中国工程院院士、中国科学院武汉岩土力学研究所学术委员会主任杨春和先生，北京科技大学原党委书记罗维东教授，北京科技大学原校长徐金梧教授，河南科技大学校长孔留安教授，中铁十五局集团有限公司党委书记、董事长黄昌富教授，西安科技大学校长来兴平教授，河南省企业联合会、企业家协会会长梁铁山教授级高工，山东能源集团有限公司董事长兼党委书记李伟教授级高工（由总工程师孙希奎教授级高工代为出席），西安音乐学院党委书记张立杰教授，北京科技大学原党委副书记张文明教授，北京科技大学原校务委员会副主任、副校长吴爱祥教授，北京科技大学党委副书记孙景宏教授，北京科技大学副校长张卫冬教授，科技部社发司原处长延吉生女士。

吴爱祥　致辞
北京科技大学原校务委员会副主任、副校长
9:00－9:10

尊敬的各位院士，各位专家，各位领导，女士们、先生们：

大家上午好！

值此春回大地，万物复苏之际，我们在此隆重召开"现代岩石力学与重大工程建设教学研用研讨会"。岩石力学是岩石工程领域的基础学科，是解决重大岩石工程建设问题的关键。北京科技大学是我国现代岩石力学的发祥地，培养了大批岩石力学与工程工作者，已经为我国诸多重大岩石工程建设贡献了力量。

本次会议旨在总结交流北京科技大学（原北京钢铁学院）于学馥教授开创的、蔡美峰院士等继承和发展的现代岩石力学及与其相关的重大工程建设取得的重要进展和杰出成就，激励更多相关行业科技工作者投身科教强国事业，为建设社会主义现代化强国作出新的贡献。

张卫冬　致辞

北京科技大学副校长、教授

9: 10－9: 15

尊敬的各位院士，各位专家，各位领导，各位朋友：

大家上午好！

4月的北京春意盎然，今天我们在这里举行"现代岩石力学与重大工程建设教学研用研讨会"，迎来了多位院士专家和各界的领导。我谨代表会议主办单位，北京科技大学，向与会的各位院士、专家、领导朋友们表示热烈的欢迎，对大家长期以来对北科大的关心指导与帮助表示衷心的感谢。

岩石力学是近代发展起来的一门应用性和实践性很强的新兴学科，广泛应用于采矿、土木建筑、水利水电、铁道、公路、地质、地震、石油、海洋工程、国防建设等众多的工程领域。党的十八大以来，在以习近平同志为核心的党中央坚强领导下，国家的川藏铁路、白鹤滩水电站和锦屏地下暗物质实验室等重大工程建设稳步推进，取得了一系列具有重大现实意义和深远历史意义的成就。但同时我们也必须认识到，随着我国在超大型掩体工程和深地领域探测开发的快速发展，逐渐面临一系列前所未有的相关科学技术与工程难题。所以加快现代岩石力学与重大工程建设研究，解决重大工程建设中关于岩石力学的基础性难题，对保障我国重大基础设施全生命周期安全具有重要的科学意义，对我国国民经济、国防安全、社会民生等领域的发展将起到重大的推动作用。

北京科技大学是新中国成立后建立的第一所钢铁工业高等学府，历史渊源可追溯至 1895 年北洋西学学堂创办的中国近代史上第一个矿业学科，在岩石力学研究方面可谓历史悠久。我校岩石力学学科编写了国内最早的岩石力学教材，并最早开设相关课程。我校于学馥教授是中国岩石力学学科的创始人，奠基人与学科前沿开拓者之一，培养造就了一大批人才，为我国钢铁工业、矿业及相关行业的发展作出了重要贡献。蔡美峰院士便是其中的代表性人物之一。蔡院士深耕岩石力学与采矿工程领域 40 余年，解决了一大批有代表性的大中型金属矿山、非金属矿山、煤矿等开采过程中的关键工程技术难题，开辟了科学采矿、智能采矿等新的领域，获得全国高等学校教学名师等荣誉称号，培养了众多高水平矿业研究设计和工程管理的人才。为提升我国采矿工程技术水平作出了卓越贡献。在蔡院士的带领下，我校矿业学科全体师生励精图治，笃行不怠，学校矿业工程学科成功进入世界一流学科建设的行列，实现了跨越式发展。

去年校庆前夕，习近平总书记给以蔡美峰院士为代表的一大批老教授回信中，希望学校坚持特色，争创一流，为科技强国制造强国，铸就钢铁脊梁，作出新的更大贡献。我们今天的研讨会就是以实际行动落实习近平总书记的回信精神。今天我们主要围绕国家重大战略需求，通过回顾岩石力学学科在我校建校 71 年以来的重要发展历程，进一步总结交流经验，旨在提高现代岩石力学学科教学研用的水平，促进我国钢铁、土木、建筑、水利水电与岩石力学相关行业的健康发展。同时通过深度交流和研讨，强化关键核心，加快创新型国家建设，推动经济社会高质量发展，实现我国第二个百年奋斗目标，提供重要的科技重大工程建设问题。通过各位专家学者及有必将对岩石力学学科的发展和相关领域科技的进步产生积极而又深远的影响，为重大工程建设和国家战略需求作出积极的贡献。

最后再一次感谢各位院士、专家领导朋友们能在百忙之中莅临本次研讨会！

祝愿各位院士、专家、领导和朋友们身体健康，工作顺利，万事如意！

谢谢大家！

葛世荣　致辞

中国工程院院士，中国矿业大学（北京）校长

9：15 - 9：20

尊敬的蔡院士，尊敬的各位专家，各位同仁，各位老师：

　　大家上午好！

　　今天我非常荣幸受邀参加"现代岩石力学与重大工程建设的教学研用研讨会"。

　　在我看来，岩石力学是我们矿山能源资源开发的重要基础，它不亚于牛顿定律对机械学科、对力学学科的一个奠基作用。而北京科技大学以于学馥老师、蔡美峰院士为代表的一大批科学家，长期耕耘于岩石力学及其工程应用的研究，可以说为我们国家岩石力学的发展作出了很重要的创造性贡献。那么今天我们开这个会既是总结过去，也是展望未来，因为未来我们的能源资源开发还需要更多、更深层次的岩石力学的问题的解决和探讨。

　　回顾这么多年来，我个人认为蔡老师是我们十分景仰的名师，第一，他培养了一大批学子，在本科生的课堂，研究生的课堂，桃李遍天下，是我们学习的榜样。第二，蔡老师是著名的岩石力学领域的学术导师，在座的将近200位学生都是他的弟子，或者是弟子的弟子，可以说他的学生遍布国内外，在我们国家岩石力学领域作出了非常重要的研究成果。第三，蔡老师也是我的恩师。虽然我不是岩石力学领域的科技工作者，但是机械（mechanics）学科和岩石力学（rock mechanics）学科是相通的。蔡老师几十年来对我在矿山机械、矿山运输领域的，甚至矿山摩擦学领域的很多关键问题、重要难题都给予了很重要的、很关键的指导，我深表感谢。第四，蔡老师是一位我们矿业领域的科学大师，因为他的思想，他的贡献，使我们国家很多岩石力学方面或者是矿山岩石力学方面得到了建树，而且在冶金矿山、煤矿矿山和其他的矿山领域岩土工程领域的重大问题解决上给予了方法的指导，不愧为大师。

总而言之，我想今天这个会议在岩石力学和重大工程应用方面，蔡老师是我们的名师，是我们的恩师，是我们的导师，也是大师，我们要向他学习，向他致敬，更重要的是要把他的学术思想在未来的岩石力学和重大的矿山工程领域发扬光大，传承下去。

谢谢各位，谢谢大家！

康红普　致辞

中国工程院院士， 中国煤炭科工集团有限公司首席科学家

9：20－9：25

尊敬的蔡老师，尊敬的各位院士，各位领导，各位专家：

　　大家上午好！

　　非常高兴能够参加"现代岩石力学与重大工程建设教学研用研讨会"！

　　蔡老师是我非常敬重的老师，也是国内外著名的岩石力学与采矿工程专家，是我国矿山地应力测量以及地应力测量成果，指导采矿科学的主要开拓者，引领了我国矿山地应力测量的开展普及和提高，提出了以地应力为基础的采矿优化的理论和技术体系，安全高效开采技术和矿山动力灾害预测和防控技术等，先后完成100多项科研项目，解决了一大批有代表性的金属矿山、非金属矿山、煤矿等采矿过程中遇到的技术难题。在工程实践中成功应用，取得了巨大的技术经济效益和社会效益，推动了岩石力学与采矿科学进步。所以蔡老师是对我们岩石力学和采矿工程作出巨大贡献的一代大师。

蔡老师的科研成果、论文著作，我学习了很多，对我影响最深刻的，帮助最大的是蔡老师出版的《地应力测量原理和技术》，这是国内外第一本系统地介绍地应力测量方法和实践的专著。这本书里边不仅介绍了地应力的成因，地应力的分布规律，系统的地应力测量方法，而且还介绍了很多蔡老师的创新性成果，包括岩石非线性不连续，对地应力测量结果的影响以及温度补偿提高地应力测量的精度等。这些成果对我后续的工作影响非常大。我是搞煤炭开采的，2000 年以前，煤矿很少进行地应力测量，设计主要以经验为主。受蔡老师的学术影响，从 2000 年开始，我们煤炭系统重点攻关地质力学测试，特别是地应力测量，开发了成套的地应力测量装置，并在全国 40 多个矿区、100 多个煤矿进行了地应力测量。在此基础上我们建立了中国煤矿地应力测量数据库，研究了煤矿井下地应力分布规律，为煤矿开采巷道支护冲击地压等动力灾害的防治提供了比较丰富的基础参数，这些都得益于蔡老师的学术思想指导。

另外一本对我影响比较大的图书，就是蔡老师写的优秀教材《岩石力学与工程》，这本教材最大的特点是理论和实践相结合，不仅有岩石力学基础理论，地应力测量理论，岩石本构关系和强度理论，数字计算方法等，而且用大量的篇幅撰写岩石工程，包括地下工程、边坡工程和地基工程等，另外介绍了岩石力学的最新进展，包括非线性理论、系统科学理论、不确定性分析理论，以及我们现在研究比较热的现代信息技术和人工智能在岩石力学的应用等。那么这部教材对学生全面了解岩石力学与工程学科的基本原理现状以及发展趋势，有重要的指导作用。很多学生从这本教材里边受到很大的指导。

除了科研以外，作为中国工程院院士，蔡老师还承担了大量的中国工程院战略咨询项目，对我比较印象深刻的就是深部开采战略。深部开采是包括金属矿产资源和煤炭资源必须要解决的问题。蔡老师总结了深部安全高效开采遇到的一系列的工程挑战，包括高地应力、环境的恶化、高温环境以及深井提升等，总结出深部开采关键工程科技战略，包括岩爆的预测和预报，支护技术、高温环境控制和降温技术以及提升技术，明确了未来矿产资源开发，包括绿色开采、深部开采和智能化开采三大主题，为未来金属深部开采指明了发展方向。那么这些理念对煤炭开发同样有重要的指导意义。

现在煤炭开发也是遇到千米深井开采的难题，围岩大变形强扰动，高应力冲击地压，我们也正在进行做深部绿色开采，深部智能开采，深部无人开采的技术研究。那么这些理念思想也得益于蔡老师思想理论的指导，蔡老师十分关心煤炭行业的发展，他经常参加煤炭行业的技术交流会、研讨会、科技成果鉴定会，可以说为煤炭行业的高质量发展出谋划策，贡献了自己的力量。

在我们的心目中，蔡老师就是我们煤炭行业的院士。蔡老师在岩石力学和采矿工程耕耘了 40 多年，不仅做出了突出的科研成果，推动了岩石力学和采矿工程的科学进步，而且为国家培养了大量的人才。其中为煤炭科学研究总院就培养了大量的人才，这些人才在各个岗位上起到了关键的作用。蔡老师的科学精神，艰苦朴素的生活作风和高尚的人品都值得我们学习。

最后预祝本次研讨会取得圆满成功！

祝蔡老师、张老师身体健康，永远快乐，谢谢！

杨春和　致辞

中国工程院院士，　中国科学院武汉岩土力学研究所学术委员会主任

9：25－9：30

尊敬的蔡老师、张校长，各位来宾：

上午好！

刚才两位院士和张校长把蔡老师在岩石力学的贡献详细汇报了，我总结有如下三条。

第一，我现在知道我们北科大，原来叫北钢，是我国第一代岩石力学与工程或者说早期叫岩体力学的教学发祥地。虽说岩石力学发祥地还有很多其他的工程单位的贡献，但教学早期用的第一本教材是来自北科大（原北京钢铁学院）。

第二，我们这一代人，尤其六七十年代人，我们从采矿学起，现代岩石力学之父是我们尊敬的于学馥教授，后来的主要传承人是尊敬的蔡美峰院士。刚才康院士说是蔡老师不仅是煤炭口的院士，也是我们有色、黑色和油气工程的院士。现在搞油气工程用的很多原理，也都来源于蔡美峰院士编著的现代岩石力学这本教材，我已经把它引进到我们研究所里面，因为我们是岩土力学研究所，岩石力学是我们的唯一专业，那么作为我们必修课程，我们院已经用了二十多年这部教材。

刚才我说了，我和蔡老师应该有 30 多年的交往，那是我从美国回来以后。我印象最深的是蔡老师的敬业精神，他每次汇报的 PPT，在座的葛院士、康院士，包括我本人做 PPT 是由我们的学生准备的。我亲自看到蔡老师的 PPT，从他的讲的风格，给人看的板书，可能说不是很漂亮，但是都是我们蔡老师亲手逐字逐句敲下来的，这使我和我的学生感到很惭愧，蔡老师的 PPT，他讲的东西都是自己做，是自己发自内心地对工程的总结。

还有最后一条，是蔡老师对待学生既是学术上的指导，也是如父母一般的关心，我很有同感，大家都知道，我生过大病，不到一周之内，蔡老师亲自跑到武汉，爬上七楼就敲我的门，很遗憾我不在武汉，我在北京看病。我很感动，那时候我仅仅是个很普通的人，他专程从北京飞去武汉，这就是说蔡老师对待自己的学生，除了学业上的指导，还有父母般的关心。

这是我想说的，最后，预祝这次大会圆满成功。

罗维东　致辞

北京科技大学原党委书记

9:30 – 9:35

各位院士，各位来宾：

上午好！

刚才各位院士都是从岩石力学和重大工程建设的角度，介绍了蔡美峰教授的工作和业绩。我想我从另外一个角度，从我感触最深的蔡教授的三个精神来讲，也许对在座的后来人会有所帮助。

我认识蔡老师也有 20 多年了，我从 2003 年调到北京科技大学，今年正好是二十年，那么在过去的这二十年的时间里，我觉得蔡老师有三点精神是我特别印象深刻的。

第一个是蔡老师在科研和学科建设上的开拓精神。

科研刚才几位院士都讲过了，我不再重复，那么在学科建设上，大家知道蔡老师当我们学校的采矿系主任、土木学院的院长当了有十几年，这个过程中蔡老师坚持土木学院的学科建设，当时勇敢地把我们的采矿系改名成了土木学院土木系，这在当时有很多老师是不理解的，甚至有反对，但是蔡老师坚持这么做。20年后我们回过头来看，从我们的土木学院走出了工程力学的博士点、环境科学的博士点、土木工程的博士点，那么我们可以看到，蔡老师的这种开拓精神，今天已经结出了硕果。

第二个精神，我觉得是蔡老师对后来者、对年轻学者的支持与厚爱。

刚刚杨院士已经有非常鲜明的例子了，蔡老师在不担任院长后，对后来的张文明院长，对后来的吴爱祥院长都给予了大力的支持。同时，他的学生，今天已经成为我们学校土木学院的核心骨干力量，我想这也体现了蔡老师对年轻人的支持与关爱。

第三个，我觉得是我特别感动的，是蔡老师锲而不舍的精神。

大家知道，蔡老师申报了六次院士，最后终于登顶。说老实话，到最后，我和徐金梧校长都劝蔡老师别再报了，太伤神了，这么大年纪了。但是（在）蔡老师的这种锲而不舍的精神（影响下），最后终于登顶。

当然蔡老师这种锲而不舍的精神，也体现在他的科学研究和培养学生的工作当中，我想这三点精神对于在座的坐在后面年轻的教师和学生也许会有更大的帮助。

最后预祝本次研讨会圆满成功，祝蔡老师和张老师健康幸福！

徐金梧　致辞

北京科技大学原校长

9:35 - 9:40

各位院士，各位老师，各位同事：

　　大家好！

　　很多院士对蔡老师的评价是非常中肯、非常客观的，这些回顾、评价我非常赞同。我简单谈谈我的看法吧，因为我根本没准备，主持人突然就跟我说需要我发言。我和蔡院士有几十年的交情，1978 年我们上研究生，所以我们 1978 年的研究生跟蔡院士同届。然后后来我去德国了，他去澳大利亚，回来的时候有很多的交集，这些给大家汇报一下。大家可能也知道了，我和蔡院士每天早晨，几十年了，都是相约在校园里面比较早地进行早晨活动。如果我今天要出差了，有什么事了，甚至迟到了，都是要挨批评的。比如说，我知道，我今天出差出不来了，事先是要给蔡老师打电话的，说我今天不能出来了，你一定要坚持；那么他也一样，他如果要出差，也得给我请假。

最后做一个总结的话，我觉得还特别是在爱国精神方面，他是当时在澳大利亚留学学习，华人留学回国的风险还是很大，而且他们两个国外的导师千方百计地想把他留下来，然而老蔡同志毅然地回到中国，回到北京科技大学，我觉得这种精神值得后一代的人学习。

第二个精神就是蔡老师的拼搏精神，院士的东西我就不说了。我觉得他是应当早就当院士。但是有一点大家可能不是很清楚，蔡院士是得过一次脑出血，当然还是非常严重的。第二天我到医院去看他，当时我也劝他，说你可以放慢一点节奏。但是他出院以后一天大概三班倒，早晨下午晚上三班倒。到了现在我也经常劝他，你别太累了，他不会听，他也说你也别上班了，你不要老讲我，当然我也跟他学习，我也三班倒，但是这种精神确实是值得大家学习，因为大家都知道（脑出血）这个病当时比较严重，蔡老师命大，没什么事，现在也没留下什么后遗症，但是当时确确实实很吓人，可能你们年轻人都不知道，当时蔡老师的手脚不能动弹。尽管如此，蔡老师出院后也恢复了继续奋斗的工作状态，这种精神我们年轻人，包括同辈人值得学习的。

第三点就是他对青年学者，包括对下一代的支持和帮助都是无私的。在座的教师很多都是得到他指导的，这一点我们青年教师是要学习的。我也希望咱们青年的教师一定是蔡老师的弟子们，弟子的弟子们，继续弘扬蔡老师的这种精神。

我也和蔡老师说，你以后也不要太辛苦，我们还继续约定，每天早晨活动，谢谢。

梁铁山　致辞

河南省企业联合会、企业家协会会长

9:40－9:45

尊敬的蔡老师、张师母，各位院士，各位领导，各位校友：

　　大家上午好！

　　万物复苏，桃李争春，在这春意盎然的美好时节，我也非常荣幸地参加了本次研讨会，首先我也向会议召开表示热烈祝贺，向我的老师蔡美峰院士致以崇高的敬意和深深的感谢，向莅临会议的各位领导和校友表示美好的祝愿和诚挚的问候。

　　我和刚才几位院士、校领导不一样，我是一个在企业工作的人，是蔡老师的学生，当时我是在中国平煤神马集团做副总经理，后来我就做到了党委书记、董事长，退休两年以后我又重新担任河南能源的董事长。但是我为什么说我是一个他的学生，是一个把他岩石力学这个理论应用到煤炭行业，取得很好效果的一个见证人、一个实践者，煤炭实际现在最难解决的有两大问题，一个是瓦斯突出，一个是冲击地压。

这么多专家教授研究了这么多年，这个问题仍然没有解决，但是近两年有重大的突破，当时我实际应用了蔡老师岩石力学的理论。就在煤炭系统会议上多次重大事故分析会上，我就提出来瓦斯突出不要把关注重点仅仅放在瓦斯的抽采上，其内在是岩石问题，是岩石的应力问题，属于岩石力学问题。我希望很多专家、教授、院士，你们一定要把真正的研究思想调整过来。这几年我看到我们高校的这些专家、教授、院士都在研究力学问题，特别是岩石力学问题（思维没有转变），不能单纯说是应抽、尽抽，好像把煤层瓦斯抽采达标就不会发生瓦斯突出了，实际工程不是这样。抽采达标措施都采取以后，煤层瓦斯仍然会发生突出，实际上（目前国内）就对岩石变化、岩石应力变化的研究不够，这是在实践中我能感觉到的。蔡老师经常说我们是搞冶金的，但我认为，实际冶金和煤炭是一家人。在我们国家最早的路矿学堂，实际上这个学校就是专门治学冶金和煤炭专业的，当时建在焦作，英国人建的，后来分出来东北大学和中国矿业大学。煤炭的开采和岩石的岩体力学研究分不开家，所以我说蔡老师他岩体力学的指导思想，这个理论的伟大是在咱们国家在煤炭行业是得到了验证的。

第二个大难题是冲击地压，本身就是岩石问题，到现在仍然没有解决。当时我们河南义马铜矿发生冲击地压的时候，当时很多全国的专家，包括国家领导都去了，都提出来是责任事故，当时我就提出来这是自然事故。为什么？因为我说我们国家的科学家、我们的工程师对岩石对这个冲击地压的研究还都没有掌握，所有的措施，国家定的措施都采取上去了，但是仍然发生了冲击地压，死了11个人，当时堵进去60多人。这就是说我们对它的研究，还远远没有认识到，没有把现实问题解决掉，但是这几年冲击地压的解决，也是在蔡老师这个思想的指导下，理论的指导下有了重大的进展，发生的冲击地压概率现在降低了很多，这是我从学术上、从实践上得到的宝贵经验，但国内目前的理论是浑浊的，实践是青涩的。我是在具体的煤炭事件当中，在两大集团发展中，蔡老师的理论也都给了我们一个很大的指导，并得到了很大的验证。

第三个作为蔡老师的一个学生，可能蔡老师都不经意，给我这个下一代有很大的指导。当时我的孩子在申请美国大学的时候，我跟蔡老师说是学工科，还是学金融？蔡老师说你到美国学什么金融，学自然科学，学工科。我就听了蔡老师的意见，我的孩子斯坦福大学博士毕业，后来又在美国的劳伦斯实验室做博士后，现在在上海交大做教授。所以我这一点也特别感谢蔡老师，说蔡老师是不但在工作上对学生关心，对家庭的事情，他也是给予认真的指导，这一点确确实实为人师长，一日为师，终身为父，这个在蔡老师身上体现得非常深刻，这是我感受体会最深的。

就这么两点给大家分享。作为蔡老师的学生，祝蔡老师身体健康，工作顺利，阖家安康，也祝在座的各位领导和校友事业辉煌、再创佳绩，祝这次大会圆满成功，谢谢大家。

张文明　致辞

北京科技大学原党委副书记

9:45－9:50

尊敬的各位院士，各位领导，各位嘉宾，蔡老师、张老师：

上午好！

我非常荣幸参加今天的研讨会，我也非常荣幸跟蔡老师一起工作很多年，不，应该说是蔡老师带着我一起工作很多年。1994 年的时候，学校在原来采矿系和地质系的基础上组建了学院，当时叫作资源工程学院，后来改名叫土木与环境工程学院，当时蔡老师带着我们做了大量的专业建设工作，因为原来我们专业比较单一，只有矿业工程或者说采矿选矿专业，后来我们新建了土木工程专业，环境工程专业，也改造了车辆工程专业。到了 2004 年的时候，土木与环境工程学院是我们学校专业最多、博士点最多、重点学科最多，博士后流动站最多的学院，我们的专业建设取得了很大的成就。

我非常荣幸在蔡老师做院长的时候，我给他做副院长，后来我做学院党委书记、院长，我觉得在蔡老师的带领下，我们做了很多工作，刚才各位学者已经说了，蔡老师在专业上的贡献，我仅仅想说的是蔡老师在我们学校学科建设上的贡献，对学校作出了很大的贡献。

刚才罗书记说了蔡老师的三点精神，我想说的是蔡老师这种工作中的拼搏精神。很多工作蔡老师都是事无巨细，都是亲力亲为。我记得在 2007 年的本科教学评估，第一次本科教学评估，2008 年的重点学科和博士点评审的时候，蔡老师的工作就更艰苦。当时蔡老师已经不做院长了，是我做院长，然后蔡老师还带着我做了很多工作。我为什么说拼搏精神，我记得曾经有一天，只有蔡老师我们两个人，当时蔡老师已经 60 多岁了，我们每天乘两次飞机在三个城市吃饭。比如说有一天我们下午从武汉飞到昆明，在昆明吃晚饭。第二天上午我们从昆明飞到重庆，在重庆吃午饭，当天下午从重庆飞到徐州，在徐州吃晚饭。我记得那天吃晚饭的时候葛世荣校长也在，我觉得蔡老师这种拼搏精神值得我们所有的人学习。当然了，我从蔡老师身上学到了很多东西，对我以后的工作也有很多帮助。我谢谢蔡老师，谢谢张老师。

借着今天上午的研讨会，我也祝各位院士，各位嘉宾，各位领导身体健康，祝今天的研讨会圆满成功！谢谢大家！

第二部分

新书推介

《蔡美峰院士学术成就与贡献概览》
《蔡美峰院士论文选集》
新 书 发 布

9:50 - 10:00

会议开幕式上隆重推介了北京科技大学组织编写的《蔡美峰院士学术成就与贡献概览》《蔡美峰院士论文选集》两本著作。

这两本著作是采矿工程、隧道工程、岩土工程等专业极具价值的教学、科研、工程应用图书，对推进现代岩石力学与重大工程建设教学研用的规范化、全面提升岩石力学人才的培养水平具有重要作用。相信蔡美峰院士不忘初心报效祖国和人民的高尚品德、严谨求实奋力拼搏的科学精神，将激励广大从业人员为岩石力学学科发展和国家重大岩土工程贡献更大力量。

岩石力学是岩石工程领域的基础学科，是解决重大岩石工程建设问题的关键。为实现现代岩石力学与重大工程建设教学研用的规范化，全面提升岩石力学人才的培养水平，北京科技大学组织编写了《蔡美峰院士学术成就和贡献概览》《蔡美峰院士论文选集》两本著作。蔡美峰教授是著名的岩石力学与采矿工程专家，中国工程院院士，北京科技大学矿业工程国家一级重点学科首席学科带头人，长期从事岩石力学与采矿工程领域的教学和科研工作，是我国矿山地应力测量和以地应力测量成果指导科学采矿的主要开拓者，首次开发出具有我国自主知识产权的地应力测量技术，推进了我国矿山和地下岩土工程地应力测量的开展普及和提高，为实现科学采矿创造了必要的条件。蔡院士学术成果获得国家科技进步奖二等奖四项、国家科技进步奖三等奖一项、国家技术发明奖三等奖一项和国家级教学成果奖二等奖一项。2008年、2009年、2010年先后被评为国家级教学名师，全国模范教师和全国优秀科技工作者。蔡院士担任过国务院学位委员会矿业工程学科评议组召集人、国际岩石力学学会教育委员会主席、中国岩石力学与工程学会副理事长、中国金属学会常务理事兼采矿分会理事长、中国矿业协会常务理事、中国黄金协会常务理事、中国煤炭学会常务理事等职务。

《蔡美峰院士学术成就和贡献概览》主要介绍蔡院士始终牢记党和人民的培育之恩，不忘初心，刻苦钻研，勤奋工作，用毕生的精力报效党、祖国和人民取得的学术成就和作出的重要贡献。蔡院士针对地下、露天、露天转地下三大采矿工程中的关键科学问题，建立了以地应力为基础的采矿设计优化理论和技术体系，提出了符合现代岩石力学原理的开采地压控制理论与方法，为我国金属矿的科学开采提供了技术支撑；以地应力为主导的能量聚集和演化为主线，揭示矿震、岩爆、冲击地压等开采动力灾害优化机理，及其与采矿过程的关系，为开采动力灾害预测和防控，实现矿山的开采本质安全开辟了有效的途径，提出了地下采矿与岩石开挖工程岩层控制的基本原理和技术、大型深凹露天矿高效运输系统及强化开采技术、露天转地下，相互协调、安全高效开采关键技术。

《蔡美峰院士论文集》选编了蔡美峰院士从事教学和科研工作40余年来，出版和发表的部分有代表性的教材、著作和以第一作者的代表性论文，反映了蔡院士在上述领域进行理论和技术创新的研究思想方法及取得的重要成果，也从侧面反映了岩石力学在矿山工程方面的研究与应用成果。

两本著作是采矿工程、隧道工程、岩土工程等专业极具价值的教学、科研、工程应用图书。相信蔡院士不忘初心、报效祖国和人民的高尚品德，严谨求实、奋力拼搏的科学精神，将激励广大的从业人员为岩石力学学科的发展和国家重大岩土工程贡献出更大的力量，让我们以最热烈的掌声感谢蔡美峰院士对岩石力学和矿业工程发展作出的杰出贡献。

新书发布会现场

《蔡美峰院士学术成就与贡献概览》简介

　　本书主要介绍我国著名的岩石力学与采矿工程专家、北京科技大学教授、中国工程院院士蔡美峰，始终牢记党和人民的培育之恩，不忘初心、刻苦钻研、勤奋工作，用毕生精力报效党、祖国和人民，取得的学术成就和作出的重要贡献。蔡美峰院士是我国矿山地应力测量和以地应力测量成果指导科学采矿的主要开拓者，首次开发出我国具有自主知识产权的地应力测量技术，推进了我国矿山和地下岩土工程地应力测量的开展、普及和提高，为实现科学采矿创造了必要条件。蔡美峰院士针对地下、露天、露天转地下三大采矿工程中的关键技术问题，建立了

以地应力为基础的采矿设计优化理论与技术体系，提出了符合现代岩石力学原理的开采地压控制理论与方法，为我国金属矿的科学开采提供了技术支撑；以地应力主导的能量聚集和演化为主线，揭示矿震、岩爆、冲击地压等开采动力灾害诱发机理及其与采矿过程的关系，为开采动力灾害预测和防控、实现矿山开采本质安全开辟了有效途径；提出了地下采矿与岩石开挖工程岩层控制的基本原理与技术、大型深凹露天矿高效运输系统及强化开采技术、露天转地下相互协调安全高效开采关键技术等。

本书可作为从事岩石力学、采矿工程、安全工程、土木建筑工程、水利水电工程、交通运输工程及相关专业的教师、研究生、本科生，相关领域的科学研究、工程设计与建设人员和现场工程技术人员等学习、参考与使用。

《蔡美峰院士论文选集》简介

本书选编了蔡美峰院士从事教学和科研工作40多年来出版和发表的部分有代表性的教材、著作与第一作者代表性论文。包含两个部分：第一部分介绍蔡院士主编的相关领域国家级规划教材和出版的学术著作；第二部分为蔡院士作为第一作者发表的代表性论文选集。包括了在地应力基本概念和理论技术、科学采矿设计优化理论和安全高效开采技术、深部开采动力灾害预测和防控、大型深凹露天矿高效运输系统及强化开采技术、露天转地下相互协调安全高效开采关键技术、地下采矿与岩石开挖工程岩层控制理论与技术、深部岩体工程热点问题等方面所做的研究。反映了蔡院士在上述领域进行理论和技术创新的研究思想、方法及取得的重要成果，也从一个侧面反映了岩石力学在矿山工程方面的研究与应用成果。

本书可作为采矿工程、隧道工程与岩土工程等专业的本科生、研究生、教学和科研人员、工程技术人员的科研参考用书。

第三部分

特邀报告

吴爱祥　主持
北京科技大学原校务委员会副主任、副校长

孔留安

河南科技大学校长

地应力在煤与瓦斯突出区域预测中的特殊作用

尊敬的恩师蔡老师，尊敬的罗书记、徐校长、张校长，尊敬的各位院士，各位领导，各位师兄、师弟、师姐、师妹：

我今天来是汇报思想的，向母校、向导师、向各位汇报思想的。

我是 2003 年师从蔡老师攻读博士学位。成为我们科大的校友，这是我最大的荣幸。所以今天作为学生来参加我们北科大为蔡院士、为岩石力学与重大工程建设方面所作出的卓有成效的贡献所开的一次学术会议。参加这个会议，我的心情非常的激动，也感到非常的荣幸，因此想借这个机会表达一下我对母校、恩师、师母的一种特殊的心情。千言万语，要说的话非常多，来之前我考虑怎么表达，所以就送给蔡老师一个特殊的礼物，这个礼物是什么呢？是我本人和我们河科大艺术学院院长、山水画画家蒋欣先生联合创作的一个作品，表达我对恩师蔡老师的一种敬意。就是我做了一副对联叫：

"山高千仞看巍峨贵在坚持不懈　海阔万顷望浩瀚难得精诚包容"。

我想表达的是想寓情于景，寓景于情。前边讲山高千仞看巍峨，我是想表达我师从蔡老师之后，蔡老师其人其品其行，对我是一种激励，是一种历练，20年来一直鞭策着我，更好地干工作，做学问、做人、做事。所以说前边我想用"巍峨的大山高千仞、浩瀚大海阔万顷"来表达这层含义。在刚才几位院士，特别是罗书记、徐校长他们的精彩发言当中，所反映的蔡老师对学术的精神，对工作执着的精神，特别是对我们学生弟子那种严格，甚至近于严苛，非常严格的要求。但是在蔡老师包括师母张老师那里又表现出来那种爱心、仁心，对于学生爱生如子的深厚感情，也使我感触很深。坚持坚韧是蔡老师做学问、做工作、教书育人、切身践行的那种执着的坚持不懈的风格和精神。

蔡老师对于他的学问，对他的工作表现出来的精诚，我想借用我们唐代医圣药王孙思邈《千金药方》，里边开篇就讲了大医精诚，精是讲医术要精，诚是医德要诚。我这地方借用到对于蔡老师这种大家大师、学术精、师德诚的模仿。对自身要求严格，审定设计各种项目都是蔡老师亲自在那地方扒桌子扒的。我在蔡老师家里曾经看到师母几次给蔡老师修补毛衣，这个肘部的地方都磨破了，我们做学问的人都清楚，都是在桌子上趴格子，一天一天磨出来的。所以说我用这两句话，实际是两副对联来表达了我这种可能一天都说不完的话，就是：

"山高千仞看巍峨，贵在坚持不懈；

海阔万顷，望浩瀚，难得精诚包容"。

"山高千仞看巍峨，海阔万顷望浩瀚。"

我和蒋欣先生的这幅画，是为蔡老师"青史留名"。以此表达蔡老师几十年如一日，为我们科大学科建设、专业建设、科学研究、人才培养所作出的卓越贡献。特别是在岩石力学与解决非煤矿山和煤矿中重大的开采问题、安全问题所作的卓越贡献，这就是我们作为晚辈，作为弟子刻骨铭心、永生难忘的，也是作为激励我们不断前行，不敢懈怠的宝贵的力量。

　　我 2003 年师从蔡老师，当时是我在河南理工大学任副校长。当时我们一个瓦斯地质团队做的 "973" 项目，就关于煤与瓦斯突出区域预测的项目。通过师从蔡老师之后，蔡老师在地应力理论和技术方面的研究与这方面的交集，对于我们团队在这方面的工作，发挥了十分重要的作用。大家知道我们这边很多都是我师兄，梁铁山师兄原来一直在平煤从事一线这样的工作，我们知道煤与瓦斯突出是一种极其复杂的动力现象，也是最为严重的自然灾害。我现在还能够记忆犹新，这是 2003 年我师从蔡老师学习我们在做那个项目的时间，曾经在 11 个月里边发生了 4 声大炮，一个在河南，一个在陕西，一个在辽宁，一个黑龙江，这 4 声大炮在河南一次性牺牲了 140 多人，陕西的 160 多人，辽宁的 210 多人，黑龙江的 170 多人。当时西方还不像现在这么打压我们，但是以人权的方式作为攻击我们的一个突破口，说中国是 "带血的煤"。当时我们的煤炭是出口的，拒绝我们出口，其实是用 "人权的大棒" 打压我们的一个手段。那事实也是 11 个月 4 次事故，700 个生命没有了，直接经济损失大于 600 多万元，不可谓不惨重。为什么会发生这样的事故？我们从瓦斯地质的角度分析是地应力的作用，地应力使完整的一块煤给压碎了。我们瓦斯地质上叫构造煤，形成的构造煤，原来煤是整块的，有瓦斯是均匀分布，开采的时间不会形成瓦斯的冲击力。但是形成构造煤之后，瓦斯就渗透到构造区，构造区形成瓦斯的集聚。当我们开采煤矿的时候，在地应力的作用下瓦斯集聚达到一定的程度之后，瓦斯迅速膨胀，会造成煤与瓦斯的突出，煤与瓦斯突出之后，形成动力灾害，造成爆炸事故，使整个巷道甚至几个巷道的人、物全部毁掉。

　　大家知道瓦斯爆炸也有几点，得有瓦斯，得有氧气，得有着火点，不是瓦斯越多就爆炸，它的发生都有一个集合点。瓦斯浓度多少？需要有氧。另外有火点及其大量的几十吨或是几百吨这样的煤与瓦斯涌出造成爆炸，可想灾害有多大。同时，通过我们在岩石力学领域的大量研究，地应力是形成构造煤、煤与瓦斯突出形成煤矿冲击地压的主要因素。是地应力的构造形成煤与瓦斯突出这样的一种力量。所以不是光防瓦斯就行了。后来采取先抽后采，由构造煤形成，只有构造形成没有地应力不会出现突出，仅有瓦斯也不会突出。构造煤的形成瓦斯集聚在地应力的作用下在这种结合部就会形成突出，这是瓦斯膨胀的作用。即使没有作用，有时由于地应力，这种变化，地壳的变化形成强大的力量。因为我们采煤动用这个煤体之后，一样会形成这种巨大的力量，会形成灾害。总之，从大量的事实证明就是煤与瓦斯突出，是受地质条件控制的。在很早以前，我们防瓦斯只从瓦斯角度上去考虑，实际上解决不了问题，所以防瓦斯与地质构造有关系。地质构造研究又与岩石力学与地应力有密切关系。这么多年来，我在做瓦斯煤矿从事煤炭开采，由于进行大量的岩石力学研究，瓦斯地质治理的研究，进行煤矿地应力测量和地应力分布规律的研究。基本上没有发生重大的煤与瓦斯突出事故、冲击地压事故，保证了开采的安全。所以说科学技术就是第一生产力，做好岩石力学和地应力测量技术的研究就是矿山安全最好的保障，而且也是最大的效益。

像这样刚才讲的，看着是安全的投入，实际带来的是效益。所以说我认为瓦斯地质理论和技术是解决如上特别重大事故的有效途径，就是煤与瓦斯突出区域预测是解决如上特别重大事故的有效方法。这个就要关注地应力问题和先抽后采，是避免以上特别重大事故发生的特别措施。

给大家报告就这么多，好，谢谢大家！

黄昌富

中铁十五局集团有限公司董事长兼党委书记

地应力测量理论与技术在新乌鞘岭
隧道工程中的应用

尊敬的蔡院士，尊敬的罗书记、徐校长，尊敬的各位院士，各位领导，各位师姐师妹：

大家上午好！

我既是蔡院士的学生，也是蔡院士的徒孙。

桃李不言，下自成蹊。今天能参加现代岩石力学与重大工程建设教学研讨会，我非常荣幸非常开心，更重要的是非常激动。

院士从六十年代以来从业一甲子，桃李满天下，门前尽高足。

我从九十年代进科大伊始，就对院士心怀敬仰与崇敬，深受院士的教诲与指点。从毕业到施工一线伊始，无论是全力推进盾构施工的国产化，还是着力打造行业地下空间品牌，致力于高海拔、长、大、复杂隧道的安全施工。我始终跟随着院士的研究方向、院士的脚步没有偏离过。今天我汇报的题目是地应力测量理论与技术在新乌鞘岭隧道工程中的应用。

汇报的内容有四项，第一是三代乌梢岭隧道的简介，第二是乌鞘岭隧道施工的难题，第三是地应力测量理论与技术的应用，第四是铭记与传承。

第一是三代乌鞘岭隧道的简介。

可能时间占的多一点，希望大家了解这个项目。第一个是历史背景，乌鞘岭，祁连山的支脉海拔 3650 米，东西长 17 公里，南北宽 10 公里，作为河西走廊的天然屏障，自古以来就是联通中西方经济和文化的交流，古丝绸之路上的咽喉要道，河西走廊只有这一个隧道。1953 年 7 月 1 日开工建设的兰新铁路，展线 50 公里，修筑了 7 座隧道，海拔 3000 米的乌鞘岭，在那个激情燃烧的岁月里，这都是聚集了近 3 万名铁路建设者，用战天斗地的大无畏精神，克服了种种困难，历时三年建成通车，在乌鞘岭盘山而上，逶迤而下，穿越贤岭腹地，成为兰州连接河西走廊的交通要道。运营了 52 年的第一代乌鞘岭隧道，于 2006 年 7 月 2 日废弃。在长达半个世纪的时间里，第一代乌鞘岭隧道为西部地区的政治、经济、军事等发展发挥了重要的作用。这个图片就是老乌鞘岭第一代乌鞘岭隧道的断面。2003 年的 3 月 30 日，二代乌鞘岭特长隧道正式开工。乌鞘岭隧道属国家一级铁路战线，是中国铁路史上首次长度突破 20 公里，亚洲最长的陆地隧道，全长 20.05 公里，设计最高行车速度是 160 公里，隧道辅助坑道共计 15 座，其中斜井十三座，竖井一座，横洞一座。8 个参建工程局克服重重困难，于 2006 年 8 月 23 日上午实现开通欧亚大陆大陆桥通道上的瓶颈。这里面讲的斜井和竖井有 8 个工程局是后来的，开始并不是这么多，开始只有两个工程局，这是我要强调的。为加强陆路通道与新兰通道的连接，完善甘肃省西部地区高速铁路网及布局，促进甘肃省河西走廊快速客运通道的形成，带动沿线城市经济发展，推动"一带一路"的高质量发展，2019 年 7 月 1 日新建兰张三四线铁路前线控制性工程第三代乌鞘岭隧道开工建设。新乌鞘岭隧道位于既有兰张五二线老乌鞘岭隧道特长隧道的东侧，全长 17 公里，设计最高速度 250 公里，是目前最长的特长隧道，同时是我国第一座利用既有隧道斜井设施的，高速铁路隧道通过 4 条区域断裂带，并穿越祁连山国家级自然保护区，地质结构复杂，施工风险高，难度大，环保要求极高。隧道就落在我的手上了，这是三代乌鞘岭隧道的一个历史背景。

再简单介绍一下地质背景。根据板块构造，乌鞘岭地处印度板块，位于与欧亚板块挤压造山带的北面，黄土高原、青藏高原、内蒙古高原三大高原的交汇处，板块运动构造使得该区域的地应力构造复杂，海拔 3000 米，主峰海拔 3562 米，平均气温零下 2.2 ℃，全年冬期施工时间长达 7 个月，高寒缺氧，空气稀薄，昼夜温差大，自然环境恶劣，生态环境极为脆弱，地质与水文地质复杂，施工难度相当大，具有中国地质博物馆之称，新乌鞘岭隧道的位置非常近，走向平行，地质情况基本相同，岩性主要为膨胀泥岩、压线断层、破碎泥粒及碎碎砾岩等软岩，洞身穿越 F4 到 F7 四条，7587 米范围之内分布的区域性大断层，其中 F5、F6 断层之间长度达到 2000.205 米，为中等富水区，最大容水量每天 7543 立方米。

介绍完历史背景地质情况自然条件，现在总结它的第二部分——施工的难题。

在新乌鞘岭隧道里设计开工之前，为了总结经验，对老乌鞘岭隧道施工过程中存在的问题，进行了系统的分析和研究，如新老隧道的位置相近，走向平行，地质条件相同，老部分的隧道中施工遇到的难点和对策在新隧道中应该有重要的参考价值。经调研，老乌鞘岭隧道施工最大的难点在于围岩难以自稳，纵深开挖支护后出现大面积长距离的变形，水平变形量高达 1.2 米，就是这个隧道两侧往中间挤压，产生初期支护扭曲变形，岩层开裂等重大难题。因围岩变形严重，支护结构破坏频发，导致乌鞘岭隧道难以形成正常的施工，工期无法按期完成。最后铁道部决定只好采取长隧短打，最终设置了斜井 13 座，竖井 2 座，横洞一座，20、24 掌子面附件由部长亲自挂帅，8 个铁路工程局会战，原来是 2 个工程局，后来有 8 个局会战，艰难的完成了任务，打得非常凄惨，非常艰苦，到现在他们也没搞清什么原因，为什么那么艰苦，这是我今天想讲的，通过分析发现隧道的结构破坏，老乌鞘岭结构破坏主要发生在隧道的两侧，并呈现为向内挤压破坏，而隧道断面的设计和参数支护的设计，就主要以控制垂直方向的变形为主，就是隧道的断面设计，主要以上面为主，但是隧道的破坏是以两侧挤压为主，这个设计和底层的应力是相违背的。因此我们认为需要对隧道围岩的定义进行测量，在此基础上对隧道的断面和参数进行针对性的重新设计。

第三是地应力测量理论与技术的应用。

因为我是北京科技大学采矿系毕业的，我们学采矿的人有一个最大的强项，我们懂得地应力，地下有大的应力，所以蔡院士在轴变论的基础上，进一步完善并首次开发出了我国具有自主知识产权的地应力测量理论与技术，在采矿等地下工程中得到了广泛的应用，取得了良好的效果。但是在铁路上用的很少。当年用的很少，20 年前。受此启发，我们调整思路，从地应力测量与数据运用上开展攻关。根据老乌鞘岭隧道 F4 到 F7 断层及滞留等大变形段落，有针对性地开展了地应力测量与研究，通过测量掌握了目标区域地理的数据，最大的水平主应力大小为 22.21 MPa，地应力两侧水平应力为主，根据测得的地应力大小方向，我们采取了针对性的措施。

第一，对断面、断层和千枚岩地段的沿隧道结构断面进行了优化，水平方向距离加大，结构趋于圆形，受力机构更加安全可靠，对水平方向的支护措施进行了补强，采用了长度 6 米的锚杆和长度 5 米的 8.25 中空锚杆，抑制两侧的收敛变形。左侧的一个断面就是老乌鞘岭的隧道断面，右边这个断面是我们这次新乌鞘岭的隧道设计的断面，主要想讲的一个问题，在青藏高原和黄土高原相互挤压下水平的地应力是大于垂直地应力的，而原来的隧道设计是没有考虑地应力的，只考虑了支护的应力，没有考虑大的应力。我们这次通过之后对隧道的断面进行了优化调整，包括它的支护参数进行调整。这个应用的效果在地应力测量理论和技术的科学指导下，找到了产生大变形的根源，确定了新乌鞘岭隧道工程是和水质区域构造应力大小和主应力方向的隧道入口及设计方案，针对施工难点采取了有效的应对措施，最终保证了新乌鞘岭隧道安全贯通，取得了显著的成效。再一次证明了地应力测量理论与技术的重要性。这个隧道是 2019 年 10 月中标，到 2022 年的 9 月 14 日全线贯通。今年的 6 月将正式通车，十五局也光荣地完成了任务。那么进入这一点，从技术上我有思考，我再念一念我早上在车上写的几点认识，传统的铁路上基于摩尔库伦准则，一种岩石分级确定的隧道结构与支护参数的设计方法，不能有效地适应高应力隧道的设计。实践证明隧道设计考虑地应力的因素是非常必要的，应该说现在也在考虑，但是 20 年前铁路隧道设计是不考虑的，主要考虑围岩的应力。

　　第二个硬岩产生岩爆，软岩产生大变形，所谓的大变形就是结构的破坏，是高原的隧道伴随着典型破坏特征，也是目前非常重要的设计施工难题，也是我们未来隧道研究者的一个重点方向。因为现在的川藏线也好，西部的隧道也好，从当年的浅埋到深埋，刚才我说的三代隧道可以看出来，第一代隧道是从地表走的，埋深特别浅。虽然他施工是成功的，但是出问题的拐弯的。第二代隧道是想直着走过去，但是因为没有对它的应力进行测量，没有考虑这个因素，施工起来就出现了"妖魔化"的一些现象，他们是不能理解的。第三代隧道，因为我们在施工前参与设计，把这个考虑进去，顺利完成。通过地应力的测量确定地应力的数据和主应力的方向，将隧道结构及支护参数设计基础性的依据，更是隧道行业高质量发展的要求。在乌鞘岭隧道的平安顺利施工，得益于我们坚持贯彻项目管理的三大理念，其中按地质施工是我们一直强调与坚持的。一般施工单位讲按图施工，我们是按地质施工，但归根结底这是蔡院士一贯教导我们严谨治学，大胆实践的缩影，是我们北科大求实鼎新校训的生动诠释。蔡院士这美德对我个人从严治企都产生了深远的影响。

　　第三是地应力测量与技术理论，不仅广泛应用于采矿领域，近年来在许多包括铁路复杂地质隧道的建设等国家重大工程中起到了关键的作用。蔡院士的理论成果，一是为我们这些科大学子产业报国提供了明确的方向与路径，把蔡老师的重大贡献用惠及苍生，造福百姓八个字来概括，是毫不为过的。

　　最美人间四月天，八时正值繁花开。

　　在这个美丽的季节，我一个理工男也写几句词送给我们尊敬的蔡院士。

《满庭芳》

　　今日楼台鼎沸，人间四月宾客共聚，蓬莱东旺，春风十里，三三纯粹，六十余载，左手指千里，右手徐明丽踏青山绿岩土，星光赶路，如东泰斗，在恩师清风浩荡，遇见侠义一片丹心。祝恩师年年岁岁光阴不老，每逢苍翠，再祝恩师寿比南山，福如东海，如同泰斗，美峰苍翠。

来兴平

西安科技大学校长

西部生态脆弱区厚煤层采动致灾
调控关键技术研究

尊敬的恩师蔡老师，各位专家：

选我上台作报告是因为我喜欢"胡说"，而且还喜欢释放信息。

最拐角的那个是我昨天晚上刚加的，那是蔡老师刚才，吴校长主持发文的新书，应该加上封面是第三页，那天我到蔡老师办公室了，看到这本书了就偷拍了一张，赶快今天就给释放。我昨天晚上想了半天，前面有三句话"严谨求实　奋力拼搏　不忘初心报效祖国和人民"。

我上博士做博士后，在蔡老师身边一直听他讲爱国。我这两天刚从中央党校学习回来，我觉得可能正是国家说的国之大者，正好实质就是为人民服务。而且下面是蔡老师一页就这几句话"严谨求实　奋力拼搏　不忘初心报效祖国和人民"。所以我说首先我这次来的目的就是祝福蔡老师和张老师八十大寿快乐。当然也祝福在座各位院士、师兄弟、朋友健康快乐，快乐才能健康。

第二个感觉，昨天晚上躺在那睡不着，看了这个题目，我整天管科研，从蔡老师这地方也学科研，回到西安科技大学之后还管科研，整天是"产学研用"，没见过"教学研用"这个提法，所以我觉得这是个重大的教学改革创新。所以我们北科大的相关领导要关注这个事儿，而且这个问题这四个字可能应该回答了二十大报告里面第五部分教学、科研、人才这三个问题，和中央提的高质量这三个字，这就说透了。所以我说这个名字应该是蔡老师起的。所以说我觉得这个事儿我反正是回去要使劲地要关注这个事，所以徐金梧校长在那笑，我是专门到北科大来偷东西的。

第三个，这个我的名字叫来兴平，是我刚才看见王金安老师了，王金安老师在1998年五一的时候回了趟西安矿业学院，就把我骗来了。当时给我提了个建议，你要考博士考蔡老师的。后来我斗胆软磨硬泡，就是说考到蔡老师这了，1999年，也是这个季节让蔡老师的一声令下，一个电话打到我们西安科技大学的校长，当时还叫院长，院长派着我们石平五教授去满院子找我去了，说是第二天中午12点以前必须见到我。我长这么大，第一次坐飞机的头等舱花了我2500块钱，第二天中午12点以前到了蔡老师办公室，他就说你来干啥了，我说你昨天不是满院子，西安矿院满院子找我，要让我见你，怎么我来了你说没事了，蔡老师说事情过去了，你就老老实实在这待着，学习，一看这个"来"，你来了我们就高兴了。一看中间这个"兴"，你高兴了也就来了，所以说今天蔡老师八十大寿是非常高兴的事，我就来了，我也很高兴。高兴完了之后一会讲完了，在座各位都平平安安地继续过。看我这个名字好记吧。

关于富油煤这个问题，实际上我们西部特别多。这个产量容量也比较大，但是真正发现提出来是我们王双明院士，所以我在这个地方就是个干活的。那么也讲三点，刚才徐金梧校长在前面给我年轻的小校长带了个头，他也只讲三句话，我也只讲三点。第一个这个是很重要，是大家要支持西部，而且在西部的富油煤含量比较多也比较大，那么国家现在抓能源的问题，尤其是我要了一个二，在哪？就是说前面三年前的时候，我刚当上校长还不到几天的时候，美国从伊拉克撤军了，美国在伊拉克整整搞了20年，美国从伊拉克撤军后，他将来跟谁玩去？那一片地方总得有人玩。所以我就召集我们退休的校领导，相关的著名教授讨论新疆怎么办，所以"一带一路"能源研究院就在新疆成立了，就干了这么一件事，结果后来就不说了，大家都知道。那么关于油煤这个事儿。大家都知道习总书记到了我们陕西，到了榆林，就是我们在那地方率先建的第一个研究院，在那地方讲话了。当然在内蒙古的会上，他说，"不能把手里吃饭的家伙先扔了，结果新的吃饭家伙还没拿到手，这不行"，目前还得靠煤。所以富油煤既靠煤又有油，里面还有气。这个事情我们西部，我就来自偏远的西部，有很大市场，欢迎各位领导、各位专家、各位朋友到西部来参观学习。

再一个煤炭，我在新疆过去干活的话，新疆维吾尔自治区一年也就是最多一个亿的产量，那么大个新疆干了10年之后，现在新疆的产量能达到3.5个亿了，新疆的煤炭逐步在上升，当然我有时候自我感觉非常良好，可能与我"一带一路"煤炭能源研究院还有一定的关系。所以说我不想再说。到北科大学完了之后，学到了蔡老师的真谛要用。这些照片都是我整天没事干，浏览北科大土木学院的网站上面偷的照片，如果有知识产权，请蔡老师负责。我们整天喊教育、喊实验做不好，喊大先生、喊小先生就是没有太多的去做，所以我说蔡老师做这个事，我不敢在群里面胡说，我只能偷偷地直接给蔡老师打电话，只能说一个字，说个，好。那么我这两天来了之后又沾了个光，叫耿情男是吧？蔡老师带着学校团委说北京市学联的大先生要颁发这个奖杯，我赶紧蹭了点热度，但是蹭的过程中，我还把蔡老师书的第三页的那一句话，这个放到旁边，我觉得这可能就是二十大报告前面那三段里面提到的国之大者的真正内涵。所以蔡老师也教育我要把孩子从美国学完之后要回国，要爱国。

这是第一段。我先交代一下我自己的情况。

第二段关于研究进展。

2006年从北科大出去之后回到了西安科技大学，反正听话，干活，当时是听我们副书记张立杰老师的话，因为他是我大学的辅导员，也当了副书记。

那么我前两天我在北科大的时候我就听蔡老师的话，然后干活干到位，这个我一会再讲。关于地应力这个事，前面第一句话，第二、三句话是蔡老师的原话，我是照单全收，慢慢去领会，一直到现在给学生也在讲这个话，但是后面推动了西部矿山建设，这个是蔡老师给我写的。但是前面到过程关系都是蔡老师的原话。那么在这里面做了一些事，当然这里面我看周宏伟老师、鞠杨老师、王金安老师都在这，这个我不敢在这吹，我怕牛皮吹破了。另外关于声发射加卸载响应的这个事，也是跟蔡老师在北科大读博士的时候，蔡老师把我派给李长洪老师，到了山东玲珑金矿。当时矿长是王培月，我看好像昨天也见了副矿长侯成桥，然后生产处处长是裴佃飞。就在那地方，（我在北科大读博士的时候）应该是待了三年的时间，在现场待了一年半。数据都是蔡老师给我说的，说数据是必须自己测的，你千万不要买上一包烟，今天给工人发一包烟上来替你测个数据，那个数据不可信，所有的数据都是我测的，这就是关于声发射的。后面我们纪洪广老师也给我教了很多，我到北科大确实是来学习的，就是不管大事件、小事件、总事件，能量里面要分类，整天喊分类就是分不好类，所以就在这方面做一点探索。那么到了新疆了，我们石平五教授就把他老早干了一辈子的急倾斜煤层这个事就交给我了。李长洪教授一看这不就是我们金属矿山的放矿法吗，完全就是这回事，但是在这地方偷了很多东西，一看浅转深开采就是在蔡老师的露天转地下项目。所以就是学知识、偷知识，我反正是先偷来再说，然后慢慢地去体会蓄积和释放能量，然后蔡老师（所教的）有 6 大功能的覆盖层叫覆层，（这些）我都认真的去读，并用以去解决灾害的问题。

我觉得露天转地下这个事和新疆急倾斜煤层这个事非常相似，就是露天全部开采之后，现在往深里开采，康院士知道这个冲击地压非常厉害。另外这个地方关于超前开采扰动区，这个是时间、空间、强度（相关文章）是从蔡老师、纪老师还有王金安老师那学的，（文章的）英文版就是刊登在国际岩石力学与采矿科学 2004 年的第三期，当然中文版的文章，前面（准备工作）还有纪老师跟李治平等还发了前期很多文章，这篇文章到现在都是我团队的所有硕士博士的必读文章。时间、空间、强度有高度概括性，但是到现场人家理解不了怎么我就给他加个应力，要再听不明白，我再给它加个变形。

这样的话，我们一个好的东西、好的提法、好的总结和凝练的成果，给学生在传授的过程中接受不了，我们再想办法搞个他们能接受的词汇。然后在这个过程中我也学了点蔡老师的精髓，组织 5 个指标，我们整天拿指标考核，所以 5 个指标分别是声发射、微震波以及声波力，就是力还有变形和位移。这 5 个指标和测试方法，有点像钻孔电视、钻孔窥视，就像动画中孙悟空钻到铁扇公主的肚子里面，大家觉得很难受，对吧？你能把他的五脏六腑都看了，能把节理裂隙的方向大小什么都能看到，然后反过来再去分析他的应力，应力的方向和大小的相互影响作用。当然以前觉得打钻不怎么重要，现在发现有了钻孔窥视再打钻的话，工程量挺大的、很费钱，所以最后统计了一下这个探测的总长度和总面积。

再一个，就是智能岩石力学这方面，这是我们北京科技大学的强项，蔡老师在人工智能这方面有贡献，我得来学对吧？这是我上博士的时候蔡老师指导的，加卸载大小响应比的问题来解决冲击地压（问题）。现在用来解释冲击地压，尤其是急倾斜特厚煤层的冲击地压。再一个蔡老师说要大力做实验，蔡老师前两天问我，土木学院原来的地应力的测试装置你见了没，我说见了。我还见了张政辉，给张政辉去打工去了，搬了三天砖头，在那做过实验，给张政辉卖了点劳动力，他在做事。

那么我回到西安科技大学之后，就把原来大型的装置给改造了，到目前为止一共做了 5 个实验，就是最边上的那个。当然还有平面的，当然王金安老师非常熟，我骗谁都骗不过去，到处有证人。这个我得做一点有效的事情，特别是在新疆急倾斜放顶煤岩的学术斗争比较严峻的情况下，就是专家斗争。我们在现场支架上方留上 1.5 米到 2 米的这个护顶煤层，然后把下面的 27 米、24 米（煤层）全部放下来，后来我没事干在飞机上看孙子兵法说扬汤止沸，釜底抽薪，底下采煤机采过去之后，爆破之后上面往下放，里面有火的话，前面已经超前注水的情况下，就能够把火，刚才孔留安同志讲的三个元素，温度、火、氧气，给灭了，把三元素控制到两个，没机会了不就完了。这个方法还行，已经得到了新疆的认可。那么我们现在还在继续做，因为它挤压-撬动作用下，越往深部发展，动力灾害就是我们说的冲击地压越来越严重。这个是因为它的煤质特别好，煤现在越来越旺盛，还真含油了。浅部的话，油还少一点，越往深部越来越涌现出来。而且还有一个探索方向，这么多专家在这，我不敢胡说，我们测出来的不光是二氧化碳，实际氢气还含的比较多，但是我们不敢释放这个信息，还得要验证。那么这个就是时间、空间、强度，蔡老师提的这三个概念，在抚顺老虎台矿震的项目，里面学来的，那么我们就要在数据分析上要下功夫。另外就是说链式致灾机制，一说链就考虑到岩层破坏顶板的问题，其铰接起来一个顶着一个就是一个链，只要一个关键的塌了，肯定其他的都会发生运动。所以我给弄了一个叫区块链，跟管理上、跟商业上区块链还不一致。

再说上课的事就是人才培养。

让我当了校长之后，要不光搞科研，还要重点要抓人才培养这个事。我这个人比较幸运，上本科的时候遇了蔡老师的博士叫张立杰，后来是现在在西安音乐学院当书记，4 年之内没骂过我，就没批评过我。到了北科大，1999 年进来，2006 年出去的话，这几年蔡老师没有批评过，唯一有一次想批评我的时候，李长洪教授挺身而出，然后把我推到了门外，我在那幸灾乐祸得高兴，好像是李长洪老师被蔡老师狠狠收拾了一顿，非常感谢李老师。在学校当校长，你光让别人去干活，说你应该去干什么，没用，就需要带着他们去干，我自己率先干，如果谁想模仿就去模仿去。包括去年这三年的疫情防控，我也是带头冲在前头的，反正谁爱说啥了说啥去，到现在为止我跟蔡老师都没有阳过。这个可能就叫自信、自立、自强吧，大致就是这个意思。就是做事，就是把这些事要看准的是鼓动起来做事。

说到"双碳"，我就看见我们那个（联络）本子里头只有乔老师交通运输搞"双碳"，这个是大家还是要关注，这个是有时间限制的。我觉得我们那地方因为西部刚才说的孔留安同志说"带血的煤炭"现在都不带了，现在全带气全带油，全带新的成就和希望。

最后实际上就是我说的第三句话，刚学的徐金梧校长的第三句话，今天很好，明天会更好，未来可期。

我们西部丰富的富油煤，欢迎在座各位到我们西安来，我在大雁塔广场给大家烧一壶开水，给大家晾好，变成北京的大碗茶，我就讲这么多，谢谢各位!

祝蔡老师和我师母张老师健康快乐，祝大会圆满成功!

祝在座各位永远健康快乐，祝北京科技大学蒸蒸日上!

孙希奎

山东能源集团有限公司总工程师

山东能源集团改革发展的探索实践

尊敬的蔡院士，各位教授，各位专家，各位领导：

在这个春风送暖、生机盎然的时间，北科大召集了专门的研讨会。

我们能源集团的董事长和党委书记李伟同志是蔡美峰教授的博士生，本来决定来参加本次研讨会，但是因为省领导突然到内蒙古去，没法过来，于是委托我作本次特邀报告。我虽然不是蔡老师门下的学生，但是多次也聆听过蔡家子弟的报告、项目的评审等，非常佩服院士作为一个科学家，其深厚的学术基础，学术的地位，以及崇高的精神。

山东能源集团的董事长兼党委书记李伟同志，是蔡老师的博士生，现在是全国十四届人大的代表，山东省的省委员，去年入选十大经济年度人物，全国的优秀企业家。这些荣誉的获得应该说是蔡老师从思维方式、理论基础等都给李伟同志打下了很好的基础。近年来山东能源集团在李伟董事长的带领下，贯彻习近平总书记"四个革命，一个合作"的能源安全战略，把蔡老师的理论体系应用在我们工程实践中。

山东能源集团，今天来的校长包括矿山的很多煤炭同行等都知道，煤炭是蔡老师搞地下工程（的主要方向），山东能源集团深地开采也到了 1000 多米，最深的曾经到过 1300 多米，即使有了这么多的工程经验，但历史上也出过冲击地压等各种各样的事故。因此如何带领煤炭行业、带领能源行业高质量发展，走下去，这也是共同的责任和义务。山东能源集团积极采取措施和完善太原市的采矿理论，并在李董事长的带领下，山东能源集团实施了一系列的改革举措，转型升级，提质增效，应该说整个山东能源集团在安全方面有很大的改善，在经营效果方面来说有很大的提高，山东能源集团去年的营业收入达到了 8200 亿元，资产已经到了 9500 亿元，位居中国能源企业 500 强的第五位，中国 500 强的第 23 位，世界 500 强的第六十九位。

下面我简要给大家报告一下山东能源集团有关情况。

第一个是聚焦做强煤炭的主业，精准实施区域的布局。

煤炭是我国能源安全的稳定器和压舱石，到目前为止，一定时间之内其仍然继续保持住能源的地位。葛院士也好，康院士也好，现在已经有多次会议也已表达了山东能源集团仍隶属于国内国际两个市场，仍需要进行系统布局。山东能源集团现有的生产矿井统计如下，境内外的矿井有 92 处，产能 3.4 亿吨，全产量 7 亿吨，在山东的本部和省外区域，澳洲这片较大的矿区被分成三个区域，省内主要考虑到山东省内黄金不多，现在全省的需求量大约 4 亿吨，而山东省本身的产煤量大约 8000 万吨，还是需要大部分从省外调入。那么山东省内立足于系统的升级，主要是加强智能高效的技术攻关，逐步退出落后产能的高风险的矿井，因为东部地区的矿井越来越深，风险相对增高。省外区域主要是集聚于区域、煤炭的品种、灾害的大小以及储量大小这 4 个维度。从 2002 年开始，省外的主要涉及了这六个省区，建设一批强的矿井。另外在澳洲，山东能源集团在煤炭行业是第一家（开发海外资源的），2004 年进入澳大利亚之后累计投资 79 亿美元，逐步发展成为澳大利亚最大的专营煤炭的运营商。而兖矿能源实际上是在中国上海、中国香港、美国、澳大利亚上市的能源公司，现在拥有 9 处矿井，主要以露天矿为主，另外还参建了三个港口。去年煤炭市场比较特殊，煤价高位，国际的价格也确实高，因此山东能源集团到去年为止已经全部收回了债权投资，实现了利润252亿元，这对中国的煤炭行业来说有着极为重要的意义，因为矿业走出去能盈利的还是相对少一些。这是煤炭方面的成果，也是我们山东能源集团这百年以来主要的看家本领。

在煤炭发展基础的同时，集团也积极延伸其他的结构，聚焦绿色低碳，全力以赴地优化能源结构。一个方向是培育煤化工产业链。煤炭不仅仅是属于能源，还属于（化工）原料，特别是在习近平总书记在榆林考察并作重要讲话之后。我们现在有五大化工基地，包括山东的济宁，鲁南主要是在枣庄，另外在榆林也有一个，而榆林煤制业已经过百万吨。煤制油有两条路线，一个间接，一个直接液化（两种方法我们都在使用）。另外鄂尔多斯能化和新疆能化有5个基地，在吉林、西安高端油品等，不管是化品还是油品，煤炭化工总的产能已经超过1600万吨。同时也积极推进煤制气的使用，包括新疆的北疆的伊犁，在这里有二十亿立方的煤制气通过西气东输进入东部。另外在内蒙古、上海煤矿区，产能总量能到达一个多亿吨，这是作为一个煤炭延伸产量的煤化工；另一个方向是煤电。目前的煤电装机容量达到1400万千瓦。由于山东能源有较大的煤炭缺口，因此很多企业都采用外电入鲁，已经实施的有从内蒙古到山东的蒙电入鲁，一期工程完成了1×100万千瓦和2×100万千瓦的工程量。另外还要从甘肃陇东地区准备搞一个陇电入鲁，目前灵台搞了一个2×100万千瓦的输电工程。除了陇电入鲁的新能源之外，由于能源的结构调整，目前集团一方面搭建了山东省新能源的投资平台，统筹推进风电储氢、源网荷储一体化发展，另一方面积极推进海上风电，去年在渤中地区已经投验90万千瓦时的海上风电。当然在省外在内蒙古还有光伏风电等。因为外电入鲁同时要匹配新能源，那么这些同步建设。第三个方向，除了煤化煤电外，还有高端制造方面。能源集团现目前制备了一个10米超大采高的世界最大的支架，（对比其他企业）原来兖矿能源做了一个8.2米的支架，后来国家能源做了个8.8米的支架，这一次山煤化做了个10米超大采高，现在还没有下井。能源集团选了国家能源和山煤化两家，这是做出来的样品。另外集团专门（请东华重工）为10米大采高支架做了个5万千牛的液压支架实验台，也达到了世界领先水平。其中东华重工的产品成为卡特彼勒液压支架的全球供应商，主营的产品有轻合金、铝合金，以及轻合金材料，并且东华重工也已经成为包括复兴号在内的动车组的主供应商。另外山东能源集团的六大产业，最后还有一个就是物流贸易，主要是以服务实体为主，做好物流贸易，包括建立山东省国际大宗物资交易中心，我们也代管山东省的电子口岸公司，另外在海南搞了国际能源交易中心。

这是企业的第二个部分。

接下来简单介绍从煤炭到物流的六大主业。

企业最主要就是改革的路径，如何推动改革，顺应时代发展的潮流。现在简单介绍一下改革情况。从科技研发来看，山东能源集团现目前有 5 个国家的平台，包括科技部的重点实验室、发改委的工程中心等。另外省级研发平台有 81 个，其中山东能源集团员工数比较多，大约 23 万人左右，高新企业有 80 多家，瞪羚企业有 8 家，具体涉及矿井的施工、综放、智能化，等等，就矿井的建设方面过去曾拿过国家科技进步奖特等奖，放顶煤层曾经拿过国家科技进步奖一等奖。这么多的项目当然也离不开院士和北科大各位老师的多年支持。

现在数字化转型，这是国有企业必走的路径之一。在煤矿井下采用数字技术，当时在北京华为发布了首套矿用 5G 专网等关键技术，另外也成立了人工智能训练中心，现在华为公司在集团公司的济南分部有 300 多位工作两年多的员工，此外也成立了联合创业中心。下一步是经营、管理、安全、生产等方面的数字化，先以数字化为核心，全面贯彻，全部执行。从发展方式来看，由于原矿板块上山东能源集团有 5 家主板上市公司，因此要以上市公司为手段利用资源和资本的模式，更快地实现企业的发展，通过资本运营战略等，这些发展方案已经成为国务院国资委改革发展的一些案例。当然还要和地方政府、学校，包括和企业强强联合，要多年来持续不断持续推进，实现共建共享。

下面汇报一下，聚焦市场的竞争机制，动真碰硬实施三年行动。

国务院、国资委在推行三年改革行动计划，山东省国资委积极改革，增加企业的内生动力，增加企业的竞争力。这几年来（我们山东能源集团）曾经是被国务院国资委评为公司治理的示范企业，也是山东第一家科创板上市的山东博学院。另外过去的改革，包括国际焦化、新巨龙、新风光公司，也入选现代企业制度的示范工程等。另外企业的混改方案包括僵尸企业的"出僵治亏"等，盘活资产，三年以来我们盘活接近60多亿元的无效资产。

最后简要汇报一下智能化矿山建设。在智能化矿山建设上有王院士、葛院士等大量院士专家提出的建议与方案，也包括康院士智能化建设总体的谋划，在院士的领导下，山东能源集团构建了三项机制，从规划分类建设，包括考评考核，规划方面根据国家指南制定了"十四五"的总体规划，投资300多亿元搞智能化的建设。智能化的标准制定上，山东能源集团在专家院士领导下也积极参与了56项国家智能化的标准。当然集团也根据国家标准进行了符合企业生产分类，因为在参照国家标准企业感觉到有些不太方便，主要从引领性、示范性、基本性、推广性、系统性等进行分类，因为国内75个矿井条件差别很大，最小的产量只有30万吨，大的产量能到1700万吨，赋存条件差别很大，因此根据实际情况，提出了"155-277-388"，"155"指单班下井人数争取不超过100人，采掘不超过5人，"277"指单班不超过200人，采掘工作面不超过7人，还有一个"388"，即单班下井不超过300人。现在国家有规定，单班最多下井的人数不超过800人。能源集团的目标就是想尽可能简化标准，智能化程度高，要单班下井不超100人，因为下井人员的数量越多，安全风险越难管控。从考评来说，采用了购买的智能化系统，并采取跟班写实保证考评的有效性，所有的系统包括采掘、机运通等，让专门的人员进行查验，比方说采煤工作面实现了自动切割，如果把遥控器收掉看各机循环，看看最后的误差多大，支架一架的速度到底有几秒钟，这样一来我们就可以全部用跟班写实，然后倒推。智能化是一个长期的过程，真正的井下无人这一天有没有可能实现，我觉得还是有可能的。但是可能不是3年、5年，也可能不是30年、50年，我觉得就像共产主义一样，我们一定要坚信共产主义一定实现，无人矿井一定实现，这是一个长期的过程，只要这个方向对就不怕路远。此外也搞了一些包括和咱们学校的战略合作，包括互联网中心等等。今天大会的主题是教、学、研、用，在这里进行了一个汇报，我觉得院士培养的学生重在"用"上，不是单纯用了方法，用了思路，用了原理，当然包括一些关键技术的功课。原来能源企业看重的是澳大利亚拉斯克公司，我们和华为合作之后，认识到还有装备的可靠性，这应该是智能化之路，包括从传感器到装备的可靠性，应该是第一位的。我们首先就始终致力于走高端企业发展的道路，这就相当于5万吨的全世界现在唯一的支架工程的实验台。

人才方面，今天到场的很多是老师。煤矿现在的发展处于很尴尬的地位，因为大部分矿山企业很难在闹市区设立工作环境，或者说在生活便利的地方开展工作，但是对于高端的人才的需求丝毫不少，并且自动化更需要高端人才，但是高端的人才能不能生活到艰苦地方，这是一个问题。因为我们社会的主要矛盾也发生改变，很多人其实抱有对美好生活的向往，在这种情况下要到矿山去，有时候就很难实现美好生活。我也想看个电影看不到，要外卖，有的地方甚至送不到，你到新疆去，好多新疆不包邮，那就很麻烦的。因此我们还是希望，地方上只要是到基层去看，我们就能感觉到人才有需求，发展得快，成长得也快。其他方面，智能化矿井的5个提升不用说。全国一批一共是71个示范矿井，山东能源集团就有9个矿井，现在已经全面验收通过。这些目标我们想踏踏实实一步一步地走到底。

最后一个板块，灾害治理，不得不多说院士在应力灾害检测方面的贡献。我们矿山搞硬检测，矿山的主要灾害冲击地压，包括瓦斯治理、损害等，都和应力离不开。这么多年我们用测验室，包括咱们北科大的，原来是和纪洪广老师的团队等，还有好多姜福兴老师的团队做冲击地压管理，我们如何创造一个地应力的环境。为什么在应力场，我们井下好多构造应力，如断层、向斜、背斜等局部的、大片的应力，如何创造一个低应力采场，让所有的人员在低应力采场（工作），一旦有问题，在低应力采场保护下也能保证安全。因此讲我们创造低应力采场，把冲击地压的安全做好，这是一个民心工程、德政工程，这为我们井下的煤矿工人创造一个良好的环节，这是一个德政工程，因此我们这些人这么多年持续不断地改进。这些断顶断底，包括以后煤层的泄压，这就是用应力场的理论给我们现场做好指导。我们企业内部也建立一个比如建了一个冲击地压的实验室，下一步我们在人才、团队、项目等继续加大力量，争取把我们的理论用好。当然瓦斯的问题、水的问题还有好多问题，肯定需要我们继续攻关。

最后一句，下一步山东能源集团在"十四五"规划的指导下，像"一个主体责任"，这是省委省政府给我们确定的，保证能源安全，优化能源结构，优化能源的布局，还有"三级体系"，包括"五个转变"，另外还有这"六大主义"，做成"七个示范"，争取"十四五"末做成万亿企业。收入和资产过万亿元企业。

最后祝愿各位老师身体健康。祝愿蔡院士、张老师永远健康。也欢迎各位领导到山东能源集团来指导！

谢谢大家！

第四部分

教学研用报告

苗胜军　主持

北京科技大学土木与资源工程学院院长

　　苗胜军教授首先感谢了各位代表的到场。他指出，在岩石力学教学科研成果转化应用道路上，蔡美峰院士亲历深耕 40 余年，成就了北京科技大学地应力研究领域国际领先地位，培养了岩石力学相关行业的一众高水平、高层次的人才，也带领着北京科技大学矿业学科进入到世界一流学科建设行列，实现了跨越式的发展，为从事岩石力学相关行业，包括他的弟子们还有后辈，奠定了非常宝贵的基础，提供了启发，作出了表率。

　　下午的主题报告就是分享各自的学习和工作，还有成长的经历、成绩和喜悦，以及在教学研用方面的感悟。

　　本次主题报告分别邀请了矿冶科技集团有限公司原董事长、党委书记夏晓鸥教授级高工，西安音乐学院党委书记张立杰教授，中钢矿业开发有限公司董事长、党委书记连民杰教授级高工，中国钢铁工业协会原科技中心主任牛京考教授级高工，中国标准化研究院副院长李治平教授，河海大学水利水电学院院长王媛教授，北京科技大学原规划办主任、土木与资源工程学院副院长乔兰教授，泛华建设集团岩土勘测院院长王鹏教授级高工，北京科技大学原土木与资源工程学院党委书记纪洪广教授，中国地质大学（北京）王建国教授，北京科技大学明世祥教授，北京科技大学原土木与资源工程学院副院长李长洪教授，中国煤炭科工集团一级首席科学家刘志强教授，马钢矿业高级调研员朱青山教授级高工，北京金成投资有限公司万林海教授，内蒙古科技大学教务处处长陈明教授，北京科技大学建筑环境与能源工程系主任朱维耀教授，辽宁科技大学原矿业工程学院院长路增祥教授，江西理工大学研究生院院长赵奎教授，安徽理工大学国际交流与合作处处长马芹永教授，华北科技学院矿山安全学院副院长欧阳振华教授，中国冶金矿山企业协会副总工程师齐宝军教授级高工，北京科技大学纪委副书记吴豪伟副研究员23位嘉宾围绕岩石力学学科教学研究与人才培养、重大岩土工程建设新技术新方法等主题分别作了发言。

与会代表畅所欲言、交流思想、分享经验，就现代岩石力学与重大工程建设教学研用的新理念、新思路与新途径进行了广泛深入的交流和探讨。

夏晓鸥

矿冶科技集团有限公司原董事长兼党委书记

在岩石力学与地应力指导下的科学采矿
新理论和矿业科技研究新成就

我从三个方面作报告。

第一个，我还是要非常感谢和祝福我们的蔡老师。刚才主持人也介绍了，我估计上午也很多领导和老师同仁和我们的弟子们都说了，我是 2003 年，师从蔡老师，2009 年毕业的工程力学的博士，我跟他接触认识以后，到现在经常有工作的关系，我经常跟蔡老师参加活动，蔡老师几十年耕耘，一直致力于我们国家矿业的行业和矿业的发展，为北科大、为我们国家的行业的发展作出了非常重大的和不可磨灭的贡献。

到现在为止，蔡老师还仍然在教学科研第一线，还在为我们国家的矿业的高质量发展，向矿业强国奋进，为我们北科大的建设学科的发展作贡献，我经常跟他在项目的评审，包括我们的评奖，还有经常听他作很多报告，还有一些很多我们国家重大的矿业企业开的科技大会，包括金川、紫金等，我都能看到蔡老师的身影，这么大的年纪了。我给大家爆个料，有一次我记不住哪一年了，晚上 8 点多钟蔡老师给我打电话。我说什么事？他很兴奋地跟我说，他刚从云南普朗铜矿下来，是第一个上了海拔 5000 多米的一个院士。他那时候已经其实至少应该有 75 岁了，我说你不要命了，我都不敢上。但是他说没事，为了我们国家矿业的发展。你看这么大年龄的人上这么高的海拔，我们在座的很多师兄师弟师妹，我估计能上高海拔的地去工作的也不是很多，或者是不敢上。这个就说明蔡老师的贡献我们大家都是耳濡目染的，我就不再陈述了。

第二点我要说的蔡老师桃李满天下，为我们国家的这个行业培养了很多人才，现在他的学生都活跃在我们的各行各业，要么是学术的带头人，要么是我们科技的领军人物，要么是我们的企业的管理者，这是做了很多。蔡老师知识渊博，作风学风严谨，办事非常认真，一直对我影响很多，我一直认为当蔡老师的学生是很幸运的一件事情，我能成为他的一个学生，然后我在这中间我想除了跟他做论文、做研究以外，更重要的是学他的思想品德，他的作风，他的为人处世，这让我的一生都受益匪浅。

最后我再给大家汇报一下，在蔡老师的指导下，现在虽然我在行政岗位上都已经出来了，但是我还在两个中央企业任外部董事，在我们矿冶科技集团，也就是原来的北京矿研总院，我还带了 10 个博士生，若干个硕士，还有一些还没毕业，另外我还要承担的，我们袁老师在这，科技部的"十四五"重大专项，在这个项目中，我还有个课题，还在中央企业有一个"1025"工程，就是解决"卡脖子"一个重大的攻关项目，我们还在负责，所以我现在也向蔡老师学习，他这么大的年纪还在一线，我们小字辈的更责无旁贷为我们国家科技的发展创新，为矿业行业的高质量发展作出我们的贡献。最后我向尊敬的、敬爱的蔡老师，还有各位代表表示崇高的敬意。

连民杰

中钢矿业开发有限公司董事长兼党委书记

中国钢铁工业的开发与巨大进展

我们刚从上海赶过来。我先做个自我介绍，我叫连民杰，是蔡老师2002级的博士，2006年毕业，目前在中钢集团工作。

我也没怎么准备，不知道前面各位师兄师姐师弟师妹讲了什么，我想讲三点，用三句感恩之言来感谢蔡老师对我的教诲，我从三个方面讲：

第一个就是感恩蔡老师，教给了我如何学习、如何做学问、如何对待人生、如何带学生。以前我主要是在企业工作，我1982年毕业以后，后来上于老师的研究生，之后读蔡老师的博士，那时候我主要在企业工作，以前也没有想到去带学生，后来读了蔡老师博士以后，我就开始带硕士、带博士，以前是埋头工作，自从跟了蔡老师以后，我也开始在干好工作的同时做点学问，也发表了不少论文，大概有一百五六十篇，之后大概写了那么十几本书，这都是在蔡老师的教诲下，教给了我怎么去做学问，我开始在工作之余在采矿方面，在安全方面在做一些工作。还有就是蔡老师教给我怎么去做人做事，我读蔡老师博士的时候，那时候我已经是海洋局的副局长，刚才长洪师兄讲，蔡老师对大家多严，我给大家举个例子，看蔡老师要求有多严。我博士论文印刷的时候是欧阳，因为我不在校，主要是欧阳帮我做。议了两次，单前沿部分，蔡老师让我改，说我写的不行，让我改了两次到答辩的头一天我还在改。所以说蔡老师教我们做学问的严谨性使我记忆犹新。后来我在西冶带学生的时候，今年我跟长洪一块儿在咱们学校开始带博士，我觉得以后我一定要把蔡老师教给我的怎么去做学问，怎么去做人，一代代传下去。

第二是感恩蔡老师，读了蔡老师的博士，让我认识了大家，认识了各位，有这么多同门师兄弟师姐妹，现在讲关系也是生产力，这么多的同门师兄弟，以后我们一块从事这个行业，我们都可以在一块能够把我们岩石力学，把我们采矿和矿山有关的事业再做下去。我相信我们大家一定会按照蔡老师的教导把我们的工作做好。

第三是感恩蔡老师，让我有了目前的成就。我毕业以后一直在邯郸工作，我 2006 年毕业以后，2007 年从五矿海洋局调到中钢，所以说如果我没有读蔡老师博士，没准说我现在还在邯郸工作，2006 年毕业，2007 年就调到北京来。我刚毕业的时候在学校住，后来孩子也在北京读的书，我儿子的成绩要在邯郸，肯定考不上一个好学校。后来到北京以后也读的咱们学校北科大，在法学院学习。所以说就是我工作上有些成绩，包括家庭上目前这个孩子也在北京工作，都是蔡老师带给我的一些红利。

所以说我也没什么准备，我就讲三句感恩，感谢老师，感谢师母，感谢各位师兄弟，谢谢大家。

牛京考

中国钢铁工业协会原科技中心主任

中国钢铁工业协会科技中心的研究任务与进展

尊敬的蔡老师、张老师，各位学兄学弟学姐学妹：

大家下午好！

很高兴参加这个研讨会，但是我觉得研讨会更重要的是我们大家欢聚一堂，共同喜庆。对于蔡老师来说，这是一个很重要的节日。我是1997年的硕士，2002年的博士，因为蔡老师又是我们金属学会采矿分会的理事长，又是国家科技项目研发专项项目的负责人，尤其是他当了院士以后，我们接触更多一些，要是追溯起来30多年了，就是蔡老师从澳大利亚回来以后，在空闲的时候就有接触，所以我在蔡老师指导下共同写了一些文章。

而且蔡老师对这个行业的贡献，那是巨大的。我们冶金矿山在钢铁这个行业里他是离不开的，现在都10.13171亿吨钢是吧？需要多少矿石。那么我给大家分享几点我的一些感受，或者我的一些收获。

第一，我说蔡老师是金属矿采矿的学术泰斗。一个方面是我已经提到的，蔡老师重新定义了岩石力学。你看现在大家他这样说岩石力学是认识和控制岩石系统的力学行为和工程功能的科学。这是他在对岩石力学再认知，蔡老师又从这里开创了地应力测量。我有他亲笔签名的书。在原来美国科学家那些基础上。还有到现代岩石的力学应用到边坡设计优化、地下采矿设计、从深部开采到绿色开采，都倾注了他很多的心血，所以我们一起参与了我们2006年到2020年的中国钢铁工业冶金矿山技术发展的指南，修改了好几次。蔡老师是证明人之一，也是修订者之一。这个出来我们在一起做了。

当然了我在蔡老师指导下也写过一个行业的文章，叫作《贯彻钢铁产业发展政策》，促进冶金矿山持续发展。2006年我们也写过一个文章，蔡老师获得的是最有代表性的成果。大家可能知道他讲的国家奖的5个什么都有，一个就是我们钢铁系统深凹露天矿开采综合技术研究，有这么一个题目，这是获得了一个冶金科技特等奖。

还有一个就露天转地下衔接开采的项目，当然还有其他项目。我们这些所有的国家项目为行业做了一些工作，都是在今天参加会的，严处长组织领导下给我们钢铁行业非常大的支持。因为我当时从"六五"计划期间，1983年开始一直到"十三五"计划。最近我退了以后就没有了，"十三五"以后一直都跟踪有国家的项目，所以国家部委现在发改委或者是科技部给了我们很大的支持，每个组每年都有五年计划。

所以所有蔡老师做的这些研究，运用到冶金有色、黄金、煤炭，苏州几十个矿山，蔡老师所有的这些我觉得能够从一个侧面彰显蔡老师的一些学术成就，都运用到工程实验上去了。

第二个就是我想说他立德树人，严谨治学，全身心献给了我们矿业的发展。我讲讲我的几个经历。20世纪90年代，我是在办公室看过蔡老师拿个小本子，记着好多人联系电话，就这么厚。说老实话，反正已经带毛了，手写的，其中记录着联系谁，哪个矿的哪个人，这是一个我的经历。还有就是在我学业的指导里，全过程进行指导，包括我研究生时期的项目。

21世纪初，因为国家的项目去趟首钢矿业公司，我两坐一个车上，他在副驾驶的位置上，在这一路上好几个小时，他不停地改动。他拿个红笔，尤其还是改的英文，是吧？我在后边，我说你吃晕车药，再改，十分敬业，一路上好几个小时在那改。然后还有一次是这个十几年前，我去他办公室，大家知道年龄上我都比他小，我眼花，他又不像现在年轻人用计算机那么熟练，用手指"噔噔噔"戳是吧？亲自改 PPT 刚才有人讲过了，这些精神，这都是敬业的精神。那么现在蔡老师是已经进入耄耋之年的人了，现在还在奋战在教学科研、矿山教学、科研生产前线。所以我觉得有这样的老师在引导我们，是令人敬佩的。所以榜样就在我们眼前。

第三个就是甘为人梯，润物无声。我做研究生硕士博士这加起来，大家都说我这个博士很长了，做了 8 年，那时候 8 年抗战，是吧？加上硕士 3 年，为什么说过 8 年以后就不让毕业了？蔡老师全程给予了很多指导，包括选题、摘要、内容等，包括答辩。我们答辩的时候，包括今天来的纪老师，还有李长洪老师，我记得当时有于澜沧院士、王家臣老师、任奋华老师，还有乔兰老师这些都给予了很多指导，也是现场评委。

所以我说在我学习当中蔡老师给予了很多东西，当然了还给了我很多他自己出的书，包括一些图书都签名了的，然后我也回去看了。再给大家说一个就我们俩在九十年代末一起出国。当时是国际岩石力学学会邀请一些教育委员会主任去哥伦比亚大学讲课，我英语不行，因为蔡老师英语非常好，那会儿片子都是幻灯片，不像现在。所以我只能做给他翻片子的工作。当然了那会儿蔡老师还在他的同学，一个研究生导师的同学焦老师家住了一晚上。我们在宾馆住，我俩睡一张床上，恐怕现在跟蔡老师一张床上睡过的人不多是吧？哈哈。只有一个被子，他说被人拽过去了，我干脆到地下去了。盖地下铺的东西，特别小很短。所以我们俩共同工作过，当然一路上和他交流很多，包括专业的知识，国外的交流都有。老师一直影响着我，而且关心着我的生活。

蔡老师自己亲自讲的一个事，这个我是不敢乱说的，我特意拿过来，蔡老师已经讲述过。自己的一些教育思想，原话，作为一名人民教师，要言传身教，以规范行动，以模范行动影响学生，让学生站在自己的肩膀上，去攀登一个又一个的理论和实践的高峰，这是原话。所以蔡老师也这样说了，他也是这样践行。所以说一日为师，永生难忘。我们作为学生，要学习传承蔡老师优秀品质和研学精神。把自己在学校学到的用到自己的工作当中、工程实践当中去，能够守正创新，发扬光大。然后谱写我们每位学子弟子们的精彩篇章。最后祝蔡老师、张老师、在座的各位工作顺利，幸福安康！

王　媛

河海大学水利水电学院院长

岩石力学在中国水利水电工程中的
重要应用与巨大进展

　　河海大学是一所拥有百余年办学历史，以水利为特色，工科为主，多学科协调发展的教育部直属全国重点大学，是实施国家"211工程"重点建设、国家优势学科创新平台建设、"双一流"建设以及教育部批准设立研究生院的高校。一百多年来，学校在治水兴邦的奋斗历程中发展壮大，被誉为"水利高层次创新创业人才培养的摇篮和水利科技创新的重要基地"。河海大学充分发挥高校智力优势，为白鹤滩水电站建设提供技术支撑和智力支持，在关键水文地质问题、工程安全监测、线路工程途经重要河流的防洪安全评估等多方面深度参与并开展科研攻关，多个科研团队团结协作、攻坚克难，致力于研究并解决白鹤滩水电站工程建设各个阶段中的挑战性问题，并为工程的后续运行提供更科学和全面的技术支持，为白鹤滩水电站建设"保驾护航"。

2021 年 6 月 28 日，习近平总书记在致金沙江白鹤滩水电站首批机组投产发电的贺信提到，白鹤滩水电站是实施"西电东送"的国家重大工程，是当今世界在建规模最大、技术难度最高的水电工程。全球单机容量最大功率百万千瓦水轮发电机组，实现了我国高端装备制造的重大突破。

蔡老师，我给您报告一下，我一般都是实话实说。首先尊敬的蔡老师，还有我的师母张老师，还有刚才吴校长也在，还有我们诸多的师兄、师弟、师姐、师妹，还有不少我的战友，就是我们土木与资源工程学院，北京科技大学的老师和同学，大家下午好。

今天我首先要表达一个非常感谢之心。蔡老师对我这一位学生的培养，重要的活动一定会让我知道，所以也非常感谢告诉我有这样的一个活动，然后我原来是有其他的事儿冲突的，但是其他的都调整了，我就过来了。我刚才也在想，有可能大家不知道我跟蔡老师和张老师的缘分在哪里，其实我有三个身份，第一个身份是岩石力学的教育科技工作者。我本科是河海大学的，虽然不是我们北科大的，学的是水工，但是我研究生博士生读的是岩土工程，我那时候博士论文就是做的岩石力学方面的，所以在我读书期间，我就已经感受到了我们蔡院士很多教学方面的，还有一些科技方面的成绩。这个也是感受到了作为这样的一个学生，后来又从事岩石力学的教育和教学以及科技创新等。在这样的一个过程当中，其实我们已经充分地感受到蔡院士在教育、科技、人才、培养，特别是我们高校的人才培养、科技创新、社会服务，特别还有文化传承与创新，还有我们的国际合作交流方面作出的基础贡献。

然后第二个身份，我是北科大的土木与资源工程学院的院友，曾经在这里工作过，那么这个也是感恩蔡院士的指引。我不仅是在学术上，因为学术上以前在学生时期可能读的更多的是一些书本的东西。但是我在 2003 年非常有幸参加了国际岩石力学一个大会。从那时候就是能够亲身地感受蔡老师给我传授一些岩石力学的知识。你们很多的可能能够感受这一方面的传授。但是我还有一个我曾经做土木与资源学院的院长，也是蔡老师教我怎么做。所以有这样的一个身份，我又多学了很多。另外一个我是一个学生，刚才也讲了我心目中蔡老师是我的老师，我是蔡老师的学生。所以蔡老师和师母对我们的那种关心和关怀，就是叫有求必应。我曾经在河海大学举办过国际会议，然后还有一些项目的评审，其实我知道蔡老师是非常忙的，但是他都会排除万难来支持我们的工作，对学生的这样的一种精神是当今比较少见的，而且是那种厚爱。刚才我讲了从我的三个身份，就是说体现蔡老师的有几种这样的一个精神和心。第一个就是爱国爱民的仁者之心，他胸怀国之大，关注一些热点的问题。第二个就是科学追求的智者之心，不仅是一个科学家，更是科学家的一种智慧的精神，有自学科学的精神，有自学严谨，有开拓创新，敢为人先。另外还有像执着追求，坚持不懈等。特别是让我感触很深的，其实有好多都提到过，就是亲力亲为。我就记得当时曾经因为蔡老师是中国岩石力学与工程学会副理事长，曾经是教育工作委员会的主任，然后也是国际岩石力学学会教育委员会的主任，有一些事情大多都是亲力亲为地在做，比如是我们优秀博士论文的首创，开辟了这样的一个评选活动，然后支持了多少的年轻人，培养了多少的年轻人。另外还有国际，当时我们河海大学，特别蔡老师领着国际的，我记得是国际原来的研习会主席一起，就是去一个学校进行巡回的讲学，他亲力亲为。还有在做 PPT，就是在我们国际会议的 PPT，他都是逐字逐句的，就是自己在那写，然后自己在非常严谨地推敲每个字。这种亲力亲为的精神也是非常特有的。然后另外一个刚才讲的就是厚爱的博学的师者之心。我也不一一列举了，我在蔡老师身上真的学到了（作为一个学生，作为一个后辈）很多的这些精神，那么下一步我也在想表达三个之心，第一个是敬仰之心，第二个是感恩之心，第三个是追随之心。我从 2017 年离开我们北科大土木与资源学院，又回到了河海大学之后，在历史材料学院工作了三年多，2020 年的 1 月学校把我又调到了水利水电学院来工作，因为河海大学的水利是优势学科，一流学科跟我们土木资源学院的采矿，就是矿业工程是有类似的一个性质，所以当时也是压力很大，然后也是说如何促进这样一个一流学科的发展，和相应专业的一个发展。当时很多的是蔡老师曾经在北科大的时候跟我讲的一些，我就在应用，也借这个机会汇报一下，因为当时我快离开的时候，记得蔡老师说要做科技创新，要高水平科技自立自强，那时候就是说要去引领，要去敢为人先，所以那时候就提到了智慧采矿、智能采矿、绿色采矿，所以我后来到了水利水电学院之后，因为水工专业是 70 年办学的历史，是传统的也是一流专业等，但是如何从传统向现代的做一个转变，是我要去做的。我在学院现在已经招生了一年了快，做智慧水利的本科专业跟人工智能的结合。另外怎么跟国家的战略，不仅是国际的前沿，国家的战略，国家安全学去结合，在学院也成立安全科学与工程，就是这样的一个一级学科点，也成立了，后面也会有本科专业再继续申报博士点，所以在这些点点滴滴当中，反正就是时不时地在我做事的过程中就会想到一些这些蔡老师给我们的一些理念。所以也是说我们下一步就是如何去做。因为一开始我没想到是这样一个场面的表达，以为是座谈会就是坐着大家聊一聊的，所以没有精心地进行组织，但是我回去之后会进一步地把蔡老师的各种各样精神再进一步的凝练，然后在工作中去传承和发扬，为促进我们高等教育的教育、科技、人才的一体化。今天的主题也是教学研用，其实是一个非常好的一个视线，也是蔡老师这样的思想，教育科技人才一体化，促进我们岩石力学高等教育的高质量发展。我们岩石力学在各行各业，今天讲了更多的是蔡老师在矿业这一块的贡献，其实还有在我们水利水电其他行业的贡献。在我们这样的一些行业里面跟岩石力学相关高水平的科技自立自强精神，大家共同的努力去传承这些精神，然后去发扬光大，去贡献我们的智慧和力量。最后诚挚地欢迎大家能够到河海大学水利水电学院去做客，也衷心地祝愿我们蔡老师和张老师身体健康，永远幸福开心，我们之前的校长叫来兴平，这个名字很好，但是我的名字叫王媛，我也记一下，希望来了开心平安，最后是圆满，就是祝愿我们蔡老师福如东海，寿比南山，也祝愿我们所有的在场的师兄师弟师姐师妹们身体健康。

李治平

中国标准化研究院副院长

标准化理论指导采矿工程从经验类比

向科学计算的重大转变

我是 1998 年到 2002 年师从恩师蔡美峰老师，应该说在这 4 年过程中留下了一生难忘的印象。那么今天借这个机会短短几分钟我给大家爆料一下我和蔡老师之间的故事。我记得我一进北科大的时候，北科大名师还是很多的，但是像蔡老师有外号的是不多的，大家可能早些年都知道蔡老师的外号是什么，我不知道你们听说过没有，但是现在不知道还有没有这个传闻。那么在蔡老师身边有五虎上将，大家都知道乔兰老师，李长洪老师，我那时候的五虎上将现在可能不知道你们怎么弄的，还有纪洪广老师，王金安老师，还有王双红老师。

这几位老师也是我们在一起共事学习，在蔡老师的指导下真的给我们很大的帮助。在此也表示对 5 位老师的感谢，和我同一届的还有张政辉博士，另外还有个博士后叫李报，也是好多年没见着了，说今天在这个场合看到好多师兄弟老师非常亲切。那么说到蔡老师，我的印象应该不只是 4 年，到一直在我工作中都有很大的影响，都有对我、对我们这个行业都有很大的影响。我就举几个小例子，首先我说蔡老师他是个为人特别低调，对生活对自己要求极低的一个人。有一个周一早上，蔡老师叫我去他办公室，就是因为一个稿子的事。当时我进去以后，蔡老师也是刚刚到一会儿，乔兰老师已经到了，在他办公桌上有一杯茶，我看到茶上面有一层五颜六色的东西，大家可能都喝过隔夜茶，那层就是隔夜茶，形成这种五颜六色的东西，我们就看到蔡老师抓起来就喝进去了。当时我还在震惊之中，这时乔兰老师赶紧就把杯子拿过去换了杯茶。蔡老师后来又说这是什么味道，这是茶叶。这个让我们印象特别深刻，他对自己的生活要求极低。但是同时，对学术科研要求是极高的。我不知道在座的有没有这种经历，工作若干年以后还在做同样一个噩梦，自己的论文没有通过，这个梦我是做过了，而且做过不止一两次，以至于到后来我经常想起来跟我的同事们讲起来，他们都觉得不相信，然后我说这是真事儿。

为什么我们在学校读博士，因为我是应届的。那蔡老师对学术要求非常严谨，我们每个人发的每一篇论文，他都要认真过把关的，这也是为什么到后面他评院士的时候毫无争议，应该说虽然过程很漫长，但是毫无争议，没有任何，几乎没有任何瑕疵的情况下评上的，所以在这个业界也是口碑非常好。

我就举个例子，当时我写了一篇论文，我自认为很满意，我觉得写得还可以，但是拿到蔡老师那儿去改的，拿回来以后，已经看不到原稿是长啥样了，等我要去整理的时候，我觉得都很困难了。

蔡老师对我们要求非常高。这是第二个，我就感觉他对自己的学术要求极其得严谨。

第三个，我在工作以后由于各种原因接触到了蔡老师学部的很多院士，你比如说赵宪庚院士、赵文智院士还有钱七虎院士，这几位专家我们经常在工程院开会，我一说起我是蔡老师的学生，这小伙子不错，肯定不错，这小伙子肯定不错。这种感觉就是蔡老师的口碑特别好，实际上我们每个人在座的学生都能从跟他学习这几年得到了很多的关照，得到了很多的对我们的事业成长上的那种指导。所以我 2002 年博士毕业以后到了国家标准化管理委员会，后来几经改革并入了国家市场监督管理总局。

2020 年我又到中国标准化研究院了，现在主要是从事国家基础通用和战略的标准化研究。在这个过程中，我们随时都能够跟很多行业打交道，也在很多行业领域，我一提起蔡老师，大家都是交口称赞的。所以我非常荣幸能够成为蔡老师的学生，能够在他的教诲之下还在不断地成长，不断地学习进步。那么借这个机会也非常感谢蔡老师，还有张师母对我个人的关心，在学校和社会上对我有很大的帮助。另外也感谢我同门的那几位老师，还有在座的各位，预祝大家身体健康，工作顺利，阖家幸福！谢谢大家。

乔 兰

北京科技大学原规划办主任、 土木与资源工程学院副院长

岩石力学与工程教育在中国的
成功开端和取得的巨大成就

尊敬的蔡老师，敬爱的师母，还有亲爱的在座的各位师兄、师姐、师妹、师弟们，老师们：

大家下午好！

我作为第一个进入蔡老师团队的学生，从 1991 年就跟随蔡老师，这么多年摸爬滚打 30 多年，我从一个年轻的教师逐渐也变成了这样一个所谓的老人了。在大家欢聚一堂的时刻，感慨万千。

回首往事也是跟着蔡老师这么多年，应该说我受到蔡老师的教诲是最多的，我自己觉得受到的恩惠也是最多的。在此我再给蔡老师和师母鞠个躬。谢谢。因为我这么多年跟着蔡老师亲眼目睹了先生在教学、科研，还有学术做人等全方位大师级的这种风范，所以是十分令我们敬仰的。三尺讲台，四十载，蔡老师，坚守初心，大先生从 20 世纪 80 年代就坚持在我们科技大学的一线教育教学工作，他的锐意改革的精神，上午的各位领导，罗书记、徐校长，还有各位院士对他已经做了很好的评价了。

那么我在一开始是跟着蔡老师做课题，后来成长到学校的规划办，也亲眼见证了我们土木学院在学科建设当中，在蔡老师领导下的一个辉煌发展的历程，现在简单跟大家分享一下。可能在座的像宋老师、马飞老师，还有王老师包括纪老师、李老师我们这些自己的团队就不提了，在 1999 年以及之后几次的学科申报过程当中，蔡老师是运筹帷幄，带领我们真的是兵分几路，马不停蹄地在那儿去介绍我们的学科，去找相关的院校的老师们给予我们支持。所以他是大无畏的精神，引领着我们整个土木与资源学院进行了大力的改革，我们当年几近面临着矿业工程学科招生非常困难，而且我们老师们就每年只招收 20 来个学生，所以在面临着招生困难，吃饭都困难的前提下，发展到现在，我们有大概应该最辉煌的时候是 7 个一级学科，12 个二级学科，所以招生规模也是从二十几个人发展到 500 多人。所以杨校长经常跟我们说，我们整个学院的学科几乎涵盖了矿业，中国矿业大学（北京）这边所有的学科了。所以这样一个辉煌使得我们在座的很多同学能够受益，是能够拜在我们蔡老师的名下，因为没有他们当年的这种发展，没有他们当年的坚持，我们的学科做不了这么大，招生规模也不会有这么大，所以在这儿使得我们有了这样的机会，所以还是要感谢我们蔡老师。

另外先生是全方位的育人，全过程的塑言塑行，所以说他在研究生培养当中，我们在座的各位同学师弟师妹们肯定都有亲身的体会，每一个人的论文他都是亲自修改，亲自一笔一笔地，我当年的时候跟着蔡老师就是非常有幸，蔡老师就是有个特点，他的口音稍微重一点。所以很多新来的同学一个是害怕，一个是不熟悉，所以我在旁边经常有时候就帮着他们做翻译，有些他们不认识的字帮着看一看，在这个过程当中我也受到了蔡老师很多的教诲，看到蔡老师在指导学生当中的兢兢业业，精益求精。

所以我们在这个过程当中，我们也在传承蔡老师这种作风。想分享的特别多，想说的也特别多，所以我想着我也别再说了是吧？为了给大家节省点时间，我就说到这儿，最后我再报个料，我家先生，刘江天也曾经是蔡老师的学生，他也今天上午全程参加了，而且蔡老师还是我们全家的恩人，我们家女儿结婚的时候，蔡老师也是亲自做了证婚人，现在她在法国发展得也很好，也是感谢蔡老师、张老师的教诲。

最后祝愿蔡老师幸福、健康、快乐。祝愿我们在座的各位师弟师妹，好像没有师姐师兄们，还有在座的老师们，也是事业发达，身体健康，谢谢。

齐宝军

中国冶金矿山企业协会副总工程师

蔡老师为首钢矿业的全方位发展开辟了道路

尊敬的蔡老师、师母，各位老师、师兄、师弟、师姐、师妹们：

大家好！

今天很高兴有机会参加蔡老师"现代岩石力学与重大工程建设教学研用研讨会"，更全面更深入地了解蔡老师在我国除了矿山领域外，在其他领域所作出的重大贡献。也很荣幸成为蔡老师的一名学生，在老师的指导下能够学有所用。我跟蔡老师相识在 21 世纪初，认识已经将近 20 年了。在前 20 年的时间里，接触最多的时候是当时在首钢矿业公司进行"十五"和"十一五"两个重要课题研究。这两个项目当时是在蔡老师的指导下，我们首钢矿业公司作为一个实验基地示范矿山，按照蔡老师整个的构想来实施的。从项目整个实施效果看，获得了两项国家科技进步奖二等奖，每一项在首钢获得经济效益都达到 10 亿元以上。在整个中国按照当时我们测算，推广下来，每个项目对于中国整个矿山的建设实现的效益都要达到百亿以上。应当说当时为我们中国整个矿山的大型露天矿高效建设和露天矿转地下开采带来了一个示范作用和引领作用。所以说当时跟着蔡老师能够做到学有所用，学有所长，为中国的矿山建设发展作出了自己的贡献。

因为时间关系只谈两点体会，第一个就是感觉到蔡老师作风严谨，求真务实。当时我记得那时候我在水厂铁矿工作，蔡老师领着我们一块去做水厂的科研，当时我们要做地应力测量。那些点蔡老师要亲自到现场，我说在车里坐着等他们做完就行了。蔡老师说不行，蔡老师亲自带着我们到现场去踩点布置。当时那个在水厂最高陡的山坡坡度有四五十度，要爬到那整个山顶上，沿着那个倾斜的一个山梁的角度去走大概在 2 公里，把这些测点布置好。应当说确实这种严谨求学、求真务实的作风一直在影响着我。在形成课题报告过程中，特别在形成 PPT 的过程中对我们每一段文字和这个图片的相对应上，包括对时间掌控上要求得非常严格，而且逐字逐句地进行修改。

第二个是深深感觉到蔡老师在关爱后辈支持学生上，我们都有很深的体会。当时我在负责首钢项目的时候，因为前期需要做一个重大论证，为北京市领导服务。因为必须要请大专家来为我们首钢这个项目进行论证。当时蔡老师已经有别的活了而且还不好调。他就是当天早晨坐飞机去的外地，当天晚上又回来，第二天早晨又坐飞机。开完会以后第二天早晨飞机直接去到了我们首钢对现场进行论证。所以说当时蔡老师那么大专家在为了支持后辈的事业工作亲自为学生为后辈站台。我们都深深地体会到。最后我们这个项目在蔡老师亲自组织下顺利通过。

在这里再一次感谢蔡老师对我们后辈学生的支持。谢谢。最后祝蔡老师和师母身体健康万事如意。谢谢大家。

王　鹏

泛华建设集团岩土勘测院院长

岩石力学与工程研究在中国重大工程建设中
发挥的重要作用

尊敬的蔡老师、张老师，各位老师，各位师兄弟师姐妹：

　　大家下午好！

　　首先感谢组委会给我发言的机会，我叫王鹏，是蔡老师 1998 级的硕士和 2000 级的博士，也是咱们北科大"三钢团"的一员。"三钢团"也是我听我们班同学说的，就是本科、硕士博士都在北科大读的是"三钢团"，我等于在北科大读了 10 年书，博士毕业以后去了当时的建设部直属单位泛华集团，现在在泛华集团主要从事岩土工程的勘察、设计、施工，包括监测、检测和科研咨询工作。

　　我是 1994 年考入北京科技大学的，当时本科读的是采矿工程，本科阶段我就听说过，蔡老师当时是主动放弃国外的优厚待遇，率先回国的先进事迹。我当时就想，如果我要是能读蔡老师的研究生，那是一件多么荣幸的事。我跟蔡老师近距离接触是在学院的资料室，当时是老的采矿楼三楼，当时我那时候做本科毕业设计，经常在资料室看资料，然后有一天晚上蔡老师到资料室去找一本书，是高磊主编的《矿山岩石力学》，但是资料室的老师说没有，我当时正好在边上，我说我这有，我就给蔡老师拿过来了，可能从那一天我跟蔡老师结了缘，我估计蔡老师现在肯定不记得这个事了。

然后我本科毕业就很幸运，我被保送为蔡老师的硕士研究生。我在这我想谈谈两点感受，一个是我跟着蔡老师硕博连读将近 6 年时间，给我最大的感受也是受益终身的，不仅是蔡老师教给我们的科学知识，更重要是蔡老师做人做事的一个风格和老一辈知识分子爱国敬业的一个精神，这个也是对我影响是最大的。

蔡老师是岩石力学与矿业学科的工程院的院士，知识渊博，尤其在地应力测量领域作出了一个杰出的贡献。他教授给我们的不仅仅是科学知识，更重要的是几十年如一日坚持不懈的工作精神，和对做学问认真的态度，这些都潜移默化地影响着我们的工作和成长。我发现蔡老师的学生都有一个统一的特质，无论毕业以后做什么，都能在各自的行业内做出这个特色和成绩。我们的师兄弟里边有搞采矿的，有搞计算机的，还有搞咱们标准化的，刚才李师兄说到这一块搞岩土的，其实很多的专业课我们都没有学过，都是在后期工作中自学的，而我们大家都能做出成绩，做出特色，我觉得最重要的一点是得益于读研究生期间，蔡老师对我们科研、工作和身体内心的一个影响。

另外一点我想谈的是刚才咱们之前老师发言中也说过，蔡老师这个崇尚实践的精神也是非常值得我们推崇的。他做科研课题的时候经常带我们去矿山一线勘探现场，他教导我们做工程，不去现场就是纸上谈兵。我跟蔡老师做过水厂铁矿的高边坡稳定性的研究。当时现场条件比较艰苦，我和李长洪老师、谭文辉老师，还有周汝弟师兄一起在水厂铁矿同吃同住，共度了一段美好的学习时光。每天都是由矿上的班车送到工地现场，到矿坑里去测这个节理裂隙，去做地质调配。

在现场工作的过程中，蔡老师经常打电话来检查工作进展，包括解决现场遇到的各种困难问题，在这个基础资料的支撑下，为后期高边坡的稳定性评价打下了一个坚实的基础。后来我又跟着咱们的大师姐乔兰老师做过铁矿的渗流场分析，跟张政辉师兄去长沙金矿做地应力测量，包括跟张国建师兄、万林海师兄、蒋斌松师兄等等，我就不逐一介绍了，共同学习探讨。这些科研实践锻炼了我，也为我以后的工作打下了一个坚实的基础。我当时博士毕业以后，首先公司让我在职能部门，考虑到缺乏工作经验，而且岩土工程又是一个实践性很强的学科。在蔡老师这种精神的指引下，我主动要求到工地一线，通过一年多的一线工作，我对岩土工程有了一个更深刻的理解。在蔡老师指导过的学生中我是比较普通的，很遗憾没有跟着导师走科研的道路，但是由于之前在课题组打下的底子，在蔡老师的指导下，我们这个工程中以工法专利为抓手，解决实际问题为导向，这种工程创新模式。

我们在癸水河盛昌大隧道中也取得了一系列成果，解决了冬奥会配套工程无法按期完工的一个难题，也请蔡老师给我们做了一个充分的肯定和认可。啰哩啰嗦说了这么多，心情也是比较激动的，词不达意，千言万语也难以表达我对蔡老师谆谆教导的一个感激之情。今天借这个机会，我想对蔡老师和师母再次说一声，谢谢你们，感谢你们对我的培育，祝你们身体健康，幸福快乐。另外一个也祝在座的各位老师，各位师兄师弟师姐师妹，家庭幸福，身体健康，谢谢大家。

纪洪广

北京科技大学原土木与资源工程学院党委书记

岩石力学在采矿和中国重大工程建设中
发挥的重大作用

今天这个话题主要是围绕咱们现代岩石力学与重点工程建设。后边这两个词教学研用是蔡老师最近才突发奇想改的。今天研讨会进行到现在，看来蔡老师改的是对的。今天的话题主要是我们围绕着蔡老师 80 岁寿辰举行这么一个活动，从上午到现在，关于蔡老师的各方面贡献也好，学术业绩也好，讲得很多。那么与咱们各地以来的这些校友们相比，我、乔兰包括长洪，我们很有幸一直陪伴着蔡老师的前后左右，这么多年。

我是 1996 年从东北大学过来做博士后，现在算下来 27 年。刚才讲到蔡老师的一些事迹，我觉得他作为一个，是刚才宋存义老师说作为一个校长他不说也没当是吧？作为一个院长来说，蔡老师实际上在学院是经历了一个最关键、最困难的时期，可以说当时没有蔡老师，就没有学院的今天。因为当时改革非常难，是吧？从 1996 年至 1997 年底以来，那是咱们第一次报重点学科采矿，我从东北大学来，东北大学是当时有 6 个一级学科，当时东北大学是两评下来，以后咱们采矿上了 7 个，东北大学上了 5 个，也是 7 个打平。

当时我觉得 2003 年的时候，我和乔老师一起报的，包括王老师咱们报的岩土工程是博士点，当时硕士采矿以上的硕士点，一共还没有招了一届学生，是吧？包括宋老师，包括环境的，我们就开始弄，到处跑，办成了，蔡老师敢想敢干，当然承受了很多的压力。另外作为一个老师，我们从蔡老师身上学到更多的东西，蔡老师一个是自主，再一个认真，蔡老师有几大绝招，刚才牛师兄讲到蔡老师这个绝招是在出差的时候，坐在汽车前排上一边走一边改文章，这是一个绝招，一般人做不了，一般人晕车，但他就在那改。还有一个我们陪伴着蔡老师，包括国家奖，院士答辩，对 PPT 的每一句话，蔡老师的绝招实际上也不是什么秘密，认真就是下功夫。蔡老师这 15 分钟的答辩，他要练到 14 分四十几秒左右。每一句话每一个 PPT 是固定下来，一句话就是练 50 遍，练 50 遍自然就记住了。我说蔡老师这种执着，包括治学的精神，我们学了很多。所以我们也受益匪浅。咱们杨校长、徐校长他们都是蔡老师 1978 级研究生的同学，当时杨校长是校长，我们报学科报的很多是吧？那时候就有一个口头禅，一个笑话，说蔡美峰瞎胡闹，要把学院变学校。从那时候确实我们支撑下来，现在看看，当时我们有 7 个一级学科，13 个博士点，刚才乔老师说 13 个硕士点。那么现在看来，到现在为止，北科大一共 20 个博士点，其中咱们这个学院出去的就 6 个。当然地质谢玉玲在，谢玉玲地质有一个理科的一级学科硕士点，当年是这么多支撑了 1/3 的天下，再往下看看咱们报的国家奖，咱们学院职称也是学校 1/3 的天下。所以说蔡老师带领着我们这些团队，现在看看咱们学院现在也有 200 多人。

没有当年的改革，没有承担那么大的压力，就没有学校的今天，我觉得借这次机会，我觉得也对蔡老师、张老师多年的培养表示感谢，同时也代表我们蔡老师、国内外师兄师弟对学校给予我们多年的关心关爱也表示感谢。好，我就说这些，谢谢。

明世祥

北京科技大学教授

北京科技大学开创了岩石力学教育，
主导了中国矿业工程的发展

尊敬的蔡老师，尊敬的张老师和各位校友们：

今天我很荣幸参加蔡老师的学术研讨会。我与蔡老师实际应该是接触时间最长的，从1978年我就和蔡老师就认识了，一直在钢院、科大一块做老师。我和蔡老师既是同事，又是他的学生。我虽然不是蔡老师的亲传弟子，但是我听过蔡老师的许多课，听过蔡老师的许多报告，我听的可能比大家都多，我和蔡老师同在中国金属学会采矿分会共事10多年，蔡老师是中国金属学会采矿专业委员会的理事长，我当秘书长，我们共事得有十二三年，一直我和蔡老师接触，我谈谈我对蔡老师的评价和值得我们学习的几个方面，第一个方面，蔡老师敬业、勤奋，我很佩服蔡老师，确实他在我们土木学院是最勤奋的，没有节假日，没有星期天。你看只要蔡老师不出差，他必然到采矿楼三楼他的办公室去，晚上有时你找蔡老师也能在土木楼他的办公室找到他。我再举个例子，我和他多次坐飞机出差。蔡老师就是在飞机上到南京，就一个多小时，我们一般都睡觉，但他总要拿出一本书一本论文来或者一本资料来，要在飞机上看，那次是到南京，他一上飞机就拿出一本学生的论文来看，我说蔡老师你不要看了，你在飞机上又不方便。蔡老师说，我这改完了，得及时去再返给学生。到了下飞机的时候，我拿过论文一看，这100多页的论文都是蔡老师改的，每一页都有蔡老师密密麻麻的批示，尤其是外文那个部分都改得是面目全非，你都看不清楚。还有即使在机场半个小时的时间，蔡老师总要拿出一本书或者论文或者是其他来看，这种敬业精神，见缝插针的精神，真值得我学习。

第二方面。他超强的记忆力。蔡老师别看这个事情比较多，又带研究生，又做学院的工作，对吧？外边的事还比较多，但是蔡老师这个能力是非常强的。学生刚才说了学生的论文，我估计在座的每一个蔡老师的学生，你们的论文肯定都是蔡老师认真地进行批改。再一个每次要开会，蔡老师都是亲力亲为，这个报告不用你写，你只要把基本的数据告诉蔡老师，蔡老师就很快把这个东西拿出来，他不需要你什么，包括这个报告，你看这么多的科研项目，这么多的有些个研究报告也好，包括乔兰老师说的，就是报那些个学科，那些材料都是蔡老师签字了，修改或者亲自拟写的，对吧？可能我们的水平也不太高。蔡老师都改了，包括交的稿子，交的报告论文，蔡老师都改得非常详细，这一点也是值得我们学习的。再一个严谨的科学态度，这一点我跟他接触了多次，他在学术上非常严格。我举个例子，我和蔡老师共同编写冶金词典，我已经交了稿了，蔡老师就因为几个名词确切不确切给我反复打电话，锚喷网还是锚网喷，还是喷锚网，哪个更确切？跟我讨论了好多次，还有好多的名词一遍一遍修改，我说蔡老师都可以，他说不行，这个词典手册是个经典性的东西，是有指导性的东西，你不能弄的含含糊糊，这一点上我觉得蔡老师学术的严谨性，他对科学的追求，也是值得我们大家学习的一个方面。

再一个方面就贡献，从说到贡献，一个是对岩石力学与工程这个学科的贡献，这个学术的贡献。蔡老师出了那么多的书，关于岩石力学方面的书，他不下五六个人。五六本书，包括教材这些东西，成为我们岩石力学方面的一些经典的教材和我们参考的书目，这是一点。再一个蔡老师到全国各地，工厂、学校做学术报告。不计其数，每年他有多少次学术报告，得要蔡老师来做这个事儿，我觉得蔡老师在学术的贡献是非常大的。

第二个，对学科的发展，刚才有几个老师都讲了，这个纪老师、宋老师都讲了，说实在的，北京科技大学的土木与资源工程学院，原来叫土木与环境学院，原来叫采矿对吧？蔡老师功不可没。在 20 世纪 90 年代末，当时矿业不景气的时候，我们采矿的学生分不出去，学校每年的学生招生，我们的分数是最低的，学校要按照规定的话，你招生分数低拉低了我们学校的总体的招生分数线就不让你招了。在那种情况下，蔡老师顶着很大的压力，刚才宋老师也说了，纪老师也说了，那确实有些老先生极力反对，我就听了很多，说蔡老师要把采矿搞垮了，要是光弄他这岩石力学是（干）什么？现在来看，如果没有蔡老师的那种改革，就是 20 世纪 90 年代末和之后一段时间对于学科的改造，有了土木专业，有了环境专业对吧？包括后来的安全专业，那土木学院就没有今天。现在我们土木学院招生各个方面都不拉这个学校的后腿，我们的分数都赶上大流。这一点的话你现在反过来看，蔡老师的贡献是非常之大，这一点我是从内心觉得是蔡老师功不可没。

最后一个，蔡老师感恩的精神也是值得我们在座的各位学习的。我经常听到蔡老师讲，他说我是如东县渔村海边上的一个穷孩子。当时家里很穷，要不是解放了，要不是在党的新中国成立以后，他绝对不可能上学，去上海交通大学当大学生。他说他的成长离不开国家对他的帮助，所以说他非常感恩。

蔡院士当了院士以后，回报家乡，向家乡父老进行感恩，是家乡人培育了蔡老师。另外一个蔡老师的导师是于先生，带着感恩的心去向于老师的墓前进行汇报。说弟子取得的一些个成就，这个感恩的精神，使我们也很敬佩。虽然我和蔡老师在科研上我们没有什么在一块过，只是同事，我也刚才说了也是他的学生，又在金属学会，我们又共事那么多年，我觉得蔡老师这个人在我心目中是值得我学习的。

　　感谢大家。最后祝蔡老师和张老师身体健康。祝各位工作顺利，谢谢大家。

李长洪

北京科技大学原土木与资源工程学院副院长

蔡老师带领我们开展地应力测量

为科学采矿奠定了基础

尊敬的蔡老师，尊敬的张师母，尊敬的各位老师，亲爱的兄弟姐妹们：

　　大家下午好！

　　我是从 1990 年从蔡老师回国以后，就跟随蔡老师，也有整整 33 个春秋，那么这 33 个春秋也是我学习不断进步的，不断成长的一个过程。所以我跟蔡老师的接触也是非常得多，至今依然还在跟随蔡老师在做教学科研工作。所以今天上午包括下午好多老师都谈了蔡老师很多的科研上的成就，学术上的成就，学科建设的成就，其实我都知道，我就不在这一一赘述了。

　　我从另外一个角度，从我和蔡老师接触的，我亲眼看到的，讲我的体会。首先我感到就是蔡老师对工作投入应该用两个字就是忘我形容。什么意思？

就是现在社会上比较流行 996 是吧？其实蔡老师是 5 + 2 全天候，没有节假日，真是没有节假日。我还记得在 1999 年五一劳动节的时候，但是我们有几个项目报告都写出来了，基本的都交到蔡老师这儿了。大家都放假了，放假回来以后，蔡老师就把这几百字的报告又给我们返回来了，他都改了，把里面的错误都给你标出来了，要重新再进行打印，再进行装订。

所以意味着他节假日光看一厚摞的这些资料，那就是相当费工夫的，他把这里错误的东西能给你挑出来，不合适的东西能给挑出来。这是说明他没有节假日，而且风雨无阻，不管下雨下雪天刮大风什么的，他都是按时地在上班，并且下班是最后一个。有一次还下着大雨，刮着大风，蔡老师在风雨当中去上班。当时郭奇峰还专门照了一个照片，发到这个群里头。所以这些东西都是非常令我们非常感动的，也是值得我们永远学习的，到现在虽然说有 33 年跟随蔡老师这样的学习，但还没有学到家。另外，比如说我们晚上，因为我住在学校，吃完晚饭了出去散步，这会才能迎着蔡老师才下班回来。

所以大家能看出来明显的付出，这个是不一样的，对工作的执着这种态度，这是在工作方面。另外就是对学术科研方面的这种求精。那么我从两个方面说起，一个方面，我们科研报告。科研报告呈上去以后，也是反复修改了若干遍之后，比如说明天上午 9:00 开鉴定会，那么蔡老师晚上还要再进一步对这个报告进行把关，把关以后发现了这个里面有公式，有一些符号不对，然后夜里就给我打电话，说明天早上 8:00 堵住那个印刷厂的门，他们一开门，我们的报告要重新印刷，重新装订。"我们说找出错误，手写修改一下，告诉评委不就行了吗？""那不行，必须重新装订。"所以第二天早晨我们堵在那门口，然后让人家再重新印刷、重新装订。装订以后，抱到评委面前的时候，还都是热乎的，胶都还没有干，我记得王连捷研究员说你们这是最新成果，这不都热气腾腾的！我举这个例子就是说蔡老师不放过任何的一点点的瑕疵，一点点的错误，我们今天来的蔡老师学生比较多，你知道我们的学位论文，大部分的论文都要经过蔡老师七八遍的这种修改，每一次都会给你找到错误，有的大到章节给你砍掉，这一章不要了，这一节不要了，对不对？小到一个标点符号，里面的错别字，你的量纲单位，这里面不合适的都给你挑出来，密密麻麻的修改。所以我们蔡老师的弟子是最能体会这一点。刚才明老师说了，蔡老师不仅担任行政工作，还有很多的科研工作，很多的教学任务，他很忙，他怎么做的？他都是在汽车上、火车上、飞机上给你修改。所以蔡老师对学术这种把关，这种严谨永远值得我们学习。

第三点蔡老师我觉得对待学生他教学方式是采用示范，给你示范，亲身示范。比如说我们在他刚回国的时候，在 1990 年、1991 年的时候，我们到新城金矿去搞地应力测量，新城金矿地表标高是 + 30 米，我们下到 − 280 ～ − 380 米，那时候下到这个高度是没有提升井的，垂直高度就有 400 多米，垂高 400 多米相当于多少？130 层楼房了。130 层楼房，我们一律走楼梯，一上午上一趟下一趟，都是一个很困难的工作，但当时我们还背着仪器，为了取岩芯，而且巷道有的是斜的，在那里上面还有淋水，有的是滑的，我们走到一半的时候腿都在那打哆嗦，确实一步也不愿意迈了，但蔡老师带头走。那时候蔡老师将近 50 岁的人，给我们的感受就是由不得你自己偷懒，你自己又想我们都爬这么高了，我的腿确实爬疼了，确实爬得在那发抖，但是你不好意思说，对吧？你看到蔡老师是这样，你就不好意思说，这种吃苦的、这种身先士卒的态度。另外甚至有时候是冒着生命危险的。比如说我们说新城金矿，1998 年新城金矿，组织进行勘探。蔡老师就穿上工作服，戴上安全帽，拿着手电筒，人家井口已经是用警戒线拦住了不让进了。蔡老师匍匐着，在它的井口旁边拿着手电筒往里面照，这种精神对我来说永远是一个激励，永远是一个鞭策，要是我就是远远地躲在井口旁边看。但是蔡老师就是给你示范，匍匐爬到井口上，当时很多矿上的技术人员都说蔡老师你这不行，这非常危险，但蔡老师坚持要亲眼看到。另外在玲珑金矿，我们是在春节前夕去的玲珑金矿，玲珑金矿井口是 + 2255 米，向下走了 600 米，将近 1000 米了，天上还飘着雪花，雪没有融化，天很冷，穿的衣服也很多。但是到井下已经 30 多摄氏度了，这时边走边脱衣服，到底下蔡老师的衣服已经能拧出汗水来，这个时候蔡老师是已经当上院士了，这个行为大家想一想。不是为了名利，所以这是给我们的教育。2017 年在南非兰德金矿爬 − 1700 米，到底下还要爬一个 60 米的斜坡，用 45 度的软梯，那也是非常难爬的，我们都是咬牙在爬着，大概爬十几米就需要喘气歇息，蔡老师要爬，大家都不让他爬，他依然要爬。而且爬上去之后，采场的高度非常低，大概在 1 米左右，人是半蹲的。并且蔡老师也在那地方创造一个纪录，在那个地方创造了下如此深度矿山的年龄最长者，保持这样的一个纪录。2017 年 10 月蔡老师已经过了 74 周岁了，已经是 75 岁的高龄，能够这样去爬 45 度的斜坡，还要软梯爬 60 米，那个地方空间也不大，非常难爬。所以这些都是他在用自己行动来教育你，不用说，你知道应该吃苦了，你应该怎么着你应该什么，他不是说，他做了你就照着做的，说是这样一种示范的。

那么第四点我觉得蔡老师是值得我们好好学习的，就是爱国精神。前面也有老师提到，蔡老师在 1989 年之后很早从国外回国的博士，当时是学校党委书记亲自去机场迎接，《光明日报》头版头条报道，当时的情况是国内好多精英是往外跑，包括采矿系就有好多，就有好几个都跑出去的，那个时候都跑出去了，到现在还没回来。蔡老师就如刚才明老师说的有一颗感恩的心，也可能正是最后这一条支撑了前面的这些，这可能是最重要的，也是根本的动力与源泉，这是永远值得我们学习的。

最后感谢大家，祝师母老师身体健康，祝各位兄弟姐妹们心情愉快。

刘志强

中国煤炭科工集团一级首席科学家

岩石力学指导的准确与科学的工程设计
为煤炭开采开辟了重要道路

尊敬的蔡老师、张师母，各位同仁，各位老师：

　　下午好！

　　我想我作为老师的学生也是感受颇多，也学了很多的东西，虽然我是年龄比较大，但入学比较晚，我是 2010 年入学的，2015 年 1 月毕业，在这期间老师给了我很大的帮助，因为我搞的是机械破岩相关的一些理论和装备，也是在煤炭系统，当然最近也是深入到其他的地下工程建设系统，所以老师在这些年给我很多的帮助。因为我想这个也是比较好的一点，可能我是老师当了院士之后毕业的学生。因为 2013 年老师当了院士之后，我是 2015 年就毕业了，可能相对是比较早的，所以这也是比较幸运。

第二个在我做博士论文期间，因为我还承担了国家"863"的项目竖井掘进机，这个是一个岩石力学和机械相结合的一些项目，老师也给予我很大的帮助，也经常到老师办公室来探讨相关的一些技术问题，我觉得老师给我所有一切可能让我受益终身。另外我感到老师对我的关怀非常重要。这些年特别是去年我们评杰出工程师，老师非常认真地把我给推上去了，另外一个也是我有幸评下来了，这是一点。还有一点，我们有好多项目老师亲自到现场，到我们的现场去，到我们的加工厂去，不辞辛苦，因为就像江苏那边坐飞机也不太方便，还要坐汽车，去了现场给我们亲自指导。

当然我另一个感觉就是老师对家庭比较关心，张老师和蔡老师他们老家都是江苏那边，正好我有幸见到了他们的家人，见到了蔡老师和张老师对家人的尊重爱护，我想既有国家的情怀，又有对家人的情怀，这是更伟大的一点，所以我们应该向他们学习。另外一点就是这些年我主要是做机械破岩装备，其实掘进设备过程非常艰苦，就是井筒建设技术，井筒建设技术的难度就在钻爆法，或者是大家下过 2000 米深的井，或者是国外的深井，我们现在国内也要达到千米以上，特别是煤矿的井筒也非常艰苦，所以我们研究一些机械化的施工方法，包括大型钻井法、竖井掘进机的凿井方法和反井钻机的方法，这些方法也是在老师的帮助下，我们把它推广到煤炭、交通领域，包括国家的重大工程项目，像三峡、白鹤滩电站等工程，我们也为重大工程建设作出了贡献。

下一步可能还要针对神华新接的一个矿区的建设，大直径井筒的建设技术可能应用更加广阔，我也希望我们的技术为这个行业的发展作出一些贡献。最后再次感谢蔡老师，敬爱的蔡老师和张老师，对我和家里边还有我们家好多人的支持帮助，也感谢师兄师弟师姐师妹们，包括北科大的一些其他老师都给予我很大的指导。另外将来北科大作为母校，我们还有更多的合作，也希望我们大家共同向前进，最后祝老师和师母身体健康，谢谢。

朱青山

安徽马钢矿业资源集团有限公司高级调研员

蔡老师传授的岩石力学与地应力测量理论
为指导科学采矿和科技创新指明了方向

敬爱的蔡老师、张老师，亲爱的同学和老师们：

我是 2004 年就读蔡老师博士的。我来自马钢集团，那个时候我在马钢南山矿业公司。结合教学研用研讨，我就感觉到蔡老师对我们的所教，我们的所学，是怎么投射到现实实践中去的。概括一句话，怎么把我们的论文写在祖国的大地上去。当时我做的一篇论文叫"南山矿生态建设研究"，南山矿是我们国家一个典型的老矿区了，像我们冶金系统的一些标志性的矿山，凹山、高村、和尚桥都是在这个矿区的。蔡老师在教授我的过程中，我更多地感觉到是把一种系统的思想灌输给了我，使我形成了一种生态发展的理念是什么样的，这一点非常的重要。我是在 2011 年到 2018 年的时候，担任南山矿业公司的经理。我现在还清楚地记得，因为我一直就是这样做的，企业有个职代会报告，职代会报告是指导企业发展的。从 2011 年到 2018 年，头一句标题都是为建设生态矿区而努力工作。

通过这么多年的努力，我感觉到在北科大的所学所用是怎么样地投射到实践中，蔡老师给了我非常多的指导帮助。在跟蔡老师求学的过程中，就像明老师和李老师刚才讲的，蔡老师非常严格的。我记得有一次我刚从学校回去，我还没上车，老师就打来电话了，修改我论文，我是趴在车头上，把它一点点修改过来的，我也清楚地记得，当时研究生态矿区要用复杂科学的理论去研究，想把矿区分成三个层次，一个就是自然的机理，一个就是工业的体系，还有一个就是社会的演化，这个事情写得当时非常庞杂，为了这件事情，在座的各位老师，当时你们给了我很多的帮助，我最后中期报告就写了很厚，怎么也弄不下来。我最后那个报告的提纲是蔡老师定下来的，蔡老师就明确地告诉我，你应该写哪些，你不应该写哪些，在这样一个求学的过程中，使我基本上领悟了一套生态理念。再说一个题外话，去年中钢协搞"双碳"，搞了一个 PPP 平台，要对铁矿业的产品种类写一个规则，时间很短，大概就三个月，最后他让我做他的召集人，我做他的召集人，召集了四五十个人，把它弄出来，弄出来发布的时候，我发现我的工作得到了 90 后的认可，因为搞"双碳"这些人好多都是很年轻的，他们很奇怪，就是说老朱你对这个东西好像是认识得不比我们差，有的比我们深刻，我就跟他说我在读博士的时候，实际上蔡老师指导我，我还是比较系统地学习了生态发展的理念。

在具体的工作中，你比如说生态矿区的建设，当时我就从三个方面做的。

第一个方面，矿区的建设绝对不能就矿区论矿区，一定要把矿区的生态建设与区域的生态建设结合起来，然后使用最小的物理消耗，通过自然循环的方式来实现发展。

第二个方面，矿区要依靠技术和技术体系的建设，来保证矿区的高效安全生产，是技术和技术体系。我一会儿会说，蔡老师怎么指导我们把论文写在大地上的。

还有一个方面就是矿区的建设，特别老矿区，现在很多年轻的学生可能不太理解，有各种身份的人，全民的、集体的很多一弄就是上万人，不仅是这些矿区的人群，还有周边的人群，你像南山矿，它本身是几个平方公里，但它涉及了50多个平方公里，你的发展怎么样让这些人群共享。

从这三个方面的话，我提出那时候就是为生态矿区的建设而努力工作，比如说第一点我们取得了什么成果，我们国家的第一批大宗固废利用基地。马鞍山是依托南山矿的成果，成为首批大宗固废利用基地。这个大宗固废利用基地，跟我们北科大现在的工作好像联系得还很紧密，因为我跟杨校长谈的时候，我说你为什么要跟马钢矿业在2020年创办了一个大宗固废产业研究院，它是跨界的，跨了我们矿业和冶金业的。他说这个对学校的学科建设非常重要，正是由于蔡老师教学思想的投射，我们才能努力去做这方面的工作，才有成果。我们南山矿业公司在2017年的时候，获得了全国企业界的企业管理的二等奖，企业界的同事可能知道，这个奖项作为一个基层企业的话，说明你的工作做的是很踏实的，它是一个实践性的。也就是说蔡老师所教，我们所学我们真正的用到了实践上。

第二点，企业的发展是要靠技术和技术体系建设来进行。我举个例子，我们国家有个典型的矿叫凹山铁矿，凹山铁矿现在演变成一个凹山湖了，它实际上是一套循环思想的产物。在凹山铁矿成为深挖露天矿之后，有一项治理需要，大概要停产来治理的。我刚才见到了中地公司的何华峰老总，何华峰老总是蔡老师的硕士，结果他用了大概千把万的投资，是原来的1/10，没有停产开展治理，可见蔡老师这些学生真正就是把自己的所学用到了工程实践中。在南山矿那个时候的发展中很多的老师都过去帮助我们做了大量的工作。

第三点，比如说提到共享发展，使你的各类人群，包括周边的人群共享发展的成果。今天看来是我们党的发展五大发展理念必然的结果。但是为什么在一几年的时候，我们具有这样的理念，这跟我们北京科技大学的教学，这跟蔡老师的培养是密不可分的。所以在我的工作实践中和学习过程中，我就感觉到了蔡老师真的带着我们这些学生，把论文写在祖国大地上的大先生。

周 毅

美国杰出人才

岩石力学与工程的世界成就确保了
中国的世界强国地位

尊敬的恩师、师母、老师们、同学们：

下午好！

年年岁岁花相似，岁岁年年人不同。

今天有幸欢聚，倍感自豪。恩师伟大的科学家精神和他那孔夫子的有教无类，诲人不倦的伟大教育家思想一直鞭策我，催我反省，奋进。

我向恩师汇报，我撰写了专著百余部，发表论文400余篇。完成重大项目20余项，其中8项荣获总书记、总理及中央主要领导的批示推广。为改革开放与经济建设做出了一定的成绩。在恩师精神的激励下，我响应钱学森先生倡导的打通文理工，交叉嫁接，符合前沿创新，同时传承中华文化智慧，破万卷书，行万里路，拜八方师。历史学、哲学、化学、经济学、管理学等

9 科博士学位，在恩师领衔的 10 位院士的极力推荐下，被批准为美国国务院杰出人才。后来恩师又推荐我申报国家的"千人计划"和"长江学者"。在我求学的路上，实际上我没有在座的老师和同学们这么幸运，我是非常坎坷的。我当时是 2000 年到 2003 年，我报考了恩师的三次博士生，都没有被录取。第一次我就发现了，但是他严格要求，觉得我不是这个专业的，他就不予录取我。所以我经过三年的考试学习，系统地掌握了力学的工程的基本原理。

常言说得好，机会只会给准备好的人。2003 年那个时候非典的疫情暴发了，那个时候在北京的考生少了，竞争也少了，所以我 2003 年荣幸地成为在座的同学们中的一员。其实我当时考虑的不是说我选择的是名校，也不是选择的专业，我主要选择的是导师，当时四年坚持不懈地、坚定不移地始终不渝地坚持，我唯一的愿望就是通过努力赢得机会，学习恩师的精神，在巨人的身旁做一个拾贝壳的小孩，恩施的仁慈、厚道、包容，尤其他那伟大科学家的奋斗精神和伟大教育家的思想，令学生非常珍惜，顶礼膜拜，终身铭记，永远追随。难望其项背，春风又绿江南岸，明月何时照我还。我渴望继续向恩师、师母学习，得到栽培，传承创新，与老师同学们砥砺奋进，继往开来，不辜负恩师的期望，发挥所学，学以致用，学用结合，学用相长，教学研采用一体化。在恩师、师母的指导下做两件事，一个是我想吸收老师们、同学们撰写创作恩师的个人传记，长篇报告文学，中英文全球发行，将恩师科学家的奋斗精神和教育家的伟大思想发扬光大，传播于各行各业。二是在恩师师母的指导下，携手老师们、同学们创办国际大学，宗旨是国际多校引进，国内多省联办落地，国际本土化、奋斗国际化。太平盛世正逢其时，目前国家加大改革开放的力度，高质量发展，倡导"一带一路"国际化，尤其是国际教育，是各行各业的大本大中，可将恩师的科学家的思想和他的教育情怀，引导国际大学培育人才、传播真理，科学研究。

衷心祝福恩师、师母身体健康，永远健康，同学们幸福快乐，老师们幸福快乐。

王金安

北京科技大学教授

蔡老师的学术研究成就和教书育人贡献对我的启发

尊敬的蔡老师，尊敬的张老师，尊敬的各位前辈，我们教育界的同行还有蔡老师的弟子们：

大家下午好！

今天大家都根据亲身的经历对我们尊敬的蔡老师的科研教学还有他的人生历程进行了一个回顾。我在下边也一直在想，尽管我当时想可能我没有这个机会来表达自己的想法，但是我也简单总结了一下。突然苗院长给我发一个短信让我能不能讲两句，正好契合我这个想法。我想今天我们开的"现代岩石力学与工程建设教学研用研讨会"，同时也是我们对蔡美峰院士表达崇高敬意的一个机会，我在下边想讲什么呢，讲我和蔡老师之间这么多年经历的一些小点滴吧。我是 1997 年来到北京科技大学工作的，当时蔡老师把电话直接打到我家里，邀请我加入北京科技大学这个团队，他介绍得很少，没有给我做任何的什么承诺，就是你来这里有工作的机会，你可以从事你专业的工作，我就来到了北京科技大学。从 1997 年开始一直到今年 3 月正式退休，我始终和蔡老师在一起工作学习，我尽管不是蔡老师培养出来的博士和博士后，但是我觉得我这 20 多年就像当学生一样，时时刻刻在蔡老师的这个教育和培养下在成长。

通过今天这个会我真正体会到什么是科学家的精神，在蔡老师身上真正地看到了科学家精神。第一个在蔡老师身上的科学家精神就是家国情怀，我感觉我们的蔡老师爱党爱国家爱人民。国家非常困难的时期，他毅然回国加入到我们国家的建设当中，这是非常值得推崇的崇高伟大的精神。他过去是学这个导弹发射的，由于国家的需要他转行转到地下工程。原来是上天的，现在是入地，把他毕生的精力都投入到他所从事的这个专业里面去。对我来说是我一生都印象非常深刻的，这是科学家精神。第二个科学家精神就是无私奉献。蔡老师把他毕生的精力都用于他的科学研究和人才培养。他对自己的家庭照顾的时间可能并不是很多，我们看到他更多的身影是和我们在一起，在他的办公室、在他出差的路上、在学术报告厅留下了他很多的身影。和现在已经走路已经不是很像，过去很有力气，但他依然坚持来参加我们各种各样的学术活动，做了很大的贡献。对我印象最深的是在 2004 年蔡老师当选为国际岩石力学学会教育委员会主席，当时在日本开会，作为交接的第一位中国籍的学者来担任教育委员会主席的这样一个职位，而且在会场当时也摆设了教育委员会的席位，但非常遗憾，即将出发的时候蔡老师突然病倒了，没有办法出席交接仪式这样一个高光时刻。我当时正在西部一个矿山出差，蔡老师在病床上给我打电话说"王金安你回来我有点事跟你交代一下"。我也不清楚，我还刚刚下了火车坐了一天一宿的火车，然后赶紧坐飞机赶回来到人民医院才知道蔡老师当时病情很危急。他就在病床上嘱咐我，你一定要去要把这个国际岩石力学学会教育委员会主席的这个交接仪式完成。当时我是非常非常的受感动，因为我觉得这样一个高光时刻，这样一个非常有荣耀的时刻应该是蔡老师亲自去多好。然后蔡老师交代给我，你要在这会上要做些什么准备，跟哪些人要有些交流，我就临危受命临时办出国手续，临时赶赴现场去参加这个交接仪式。但是，我感到非常遗憾，也是我一生中感觉到非常遗憾的事情，那个交接仪式没有看到蔡老师的身影。有幸的是在 2006 年蔡老师康复了，在葡萄牙首都召开国际岩石力学大会，蔡老师终于坐在了这个国际岩石力学学会教育委员会主席的位置上。当时我在旁边照相，但是我眼睛是模糊的，我非常激动，因为蔡老师为了这个事业克服他身上的一些不适，然后毅然决然地参加这样一个会议令我非常感动。

蔡老师同时兼任着中国岩石力学学会教育工作委员会主任和国际岩石力学学会教育委员会主席的这样一个双重身份。这两个学会办的都非常好，在国内连续举办了三届青年岩石力学学者论坛。两届在北京，一届在西安。我都经历过，蔡老师在每次会议上都是跑前跑后来组织邀请，同时组织了 3 次国际专家的讲学，把我们国际上最顶级的科学家包括 C. Fairhurst、J. A. Hudson、Franklin 都请来给我们讲学。蔡老师亲自带队陪着这些专家到处讲学，同时在这个岩石力学界为北京科技大学这面旗帜确确实实增添很多的光彩。所以说，我觉得我这二十几年跟蔡老师在一起工作我也得到了很多的学习和享受荣誉的机会。特别感谢蔡老师给我提供这个平台能够让我在人生的历程当中经历了这样非常非常重要的时刻。

第三个我要谈的是蔡老师的科学家精神，就是开拓创新。我自以为我博士毕业了，等博士后做完了应该是一马平川，应该是独享科学的成果了。其实不然，到了蔡老师这个学术团队以后我们遇到了非常困难的课题，都是一些首次接触到的课题，包括在 1998 年，刚才李治平院长他也说了就是在老虎台做这个冲击地压。那个矿山当时是非常困难的，矿山瓦斯超标、冲击地压非常严重，也出现过重大的事故。当时蔡老师就领着我们到抚顺老虎台矿，亲自给我们定这个科学研究的工作目标、工作任务，然后我们和学生一起用了不到两年的时间拿出了一套完整的解决方案，得到了这个抚顺市政府和老虎台矿的认可。那个鉴定会可能你们一生都没有经历过，从早上 8 点一直开到下午 6 点，几位专家意见争执非常严重，当时来兴平录像，他说录了四五盘的那个录像带，就是意见很不统一。因为那是在国内首次在冲击地压的矿井里边提出一个解决方案，各方的意见都不一致，最后还是成功地完成了这个科技鉴定，这个项目在 2003 年获得了国家科学技术进步奖二等奖。我觉得这件事对我来说是一个非常光荣的任务，是在蔡老师的领导下完成的。

另外，蔡老师又承接国家"十五"的项目，就是水厂高陡边坡露天矿的这个研究。我自以为原来蔡老师是做地应力测量的，那怎么搞边坡呢？边坡跟我们也没有什么关系，但是蔡老师在这个项目当中把地应力测量技术和测量理论以及这个测量成果很好地和采矿工程和边坡稳定性进行了结合，因为我们要做一些数值分析，地应力是一个必不可少的信息，另外在边坡开挖过程当中地应力场会发生很多的变化，包括还有地下水的渗流，蔡老师利用他的这个地应力测量的理论和他的一些思想对我们这个科研的工作进行了详细的规划，最后给出了一些成功的解决方案。确定边坡角，提高 3～5 度。这也作为蔡美峰院士作为院士的一个标志性的成果之一。我在这里边也在蔡老师跟前也学会了以地应力为主导的这样一个岩石力学研究方法，在这里面也学到了很多。

另外蔡老师应该是 2014 年或 2015 年我有一天有什么事找蔡老师，我说蔡老师在忙什么，他说我在报国家奖，就是露天转地下项目。我说蔡老师你都院士了你还报什么奖，他说院士要作新贡献。这是蔡老师给我留下的非常深刻的印象。按道理说拿国家奖是争取荣誉，但是蔡老师已经是国家的最高级别的科学家了，他还在不断地作贡献。我们去美国的路上蔡老师还在改 PPT，为了这个作的新贡献。同时对我们国家的深部开采，去年教育工作委员会开线上会议请蔡老师做"双碳"目标背景下的这个岩石力学发展的一些思考，对我教育非常深刻，因为像蔡老师这么高的学术荣誉，有这么多的成就了，还在做一些开拓性的工作、创新性的工作，对我来说是非常受教育的。再次感谢蔡老师和张老师这么多年没有把我当成这个闲人来看，就是甚至比蔡老师自己亲自培养的博士和博士后还要关照得多。每次有重大的聚会、重要的活动都会让我来参加，我也认识了很多优秀的企业家、优秀的学者，都是在蔡老师这个名下。

希望蔡老师身体健康，能够继续带领我们闯出一片更新的天地。谢谢大家。

蔡美峰

中国工程院院士

主题发言和会议总结

　　研讨会最后，中国工程院院士、北京科技大学教授蔡美峰先生作了主题发言和会议总结。

　　蔡美峰教授首先感谢了来参会的各位代表，他指出这一次研讨会很成功。作为一名教师，想见到的人主要就是自己的学生，通过这次机会实现了这个目标。

　　他强调，研讨会的主要目的是要发扬北京科技大学在岩石力学教育方面的贡献和作用，北京科技大学是全国最早开展岩石力学教育的学校，也是培养岩石力学研究人才的学校。本次研讨会重点回顾了北京科技大学从事岩石力学教育的工作，特别是教育的学生从事国家的重大技术工程取得的工作和成就，并强调了岩石力学教育对于我们国家国民经济发展的重要作用。北京科技大学的岩石力学教育培养了一大批的人才，包括特别是工程建设的人才、管理的人才，出了一批专家包括好几个校长、很多集团的董事长。为国家的建设作出了很多的贡献。

蔡美峰院士强调，教师的成就应该就是培养学生，并提出了"培养的学生是我们教师的终身成就"的至理名言，培养的学生取得这么大的成就，为国家作出这么大的贡献心里更是高兴。

最后蔡美峰院士提出几点忠告：在我国当前的重要发展时刻，要继续努力，把工作做得更好，也要积极锻炼，保证身体健康才能更好地为国家服务。

各位老师、各位同学，这两天我特别高兴，因为这一次研讨会开得应该是很成功的。借此我有机会见到了我多年来想见到的很多的同学，还有我们的老师也有机会见到了他教过的学生，所以我觉得我们土木与环境资源工程学院的老师都跟我一样感到很高兴，因为教师想见到的人主要就是自己的学生，我们通过这次机会实现了这个目的，非常不容易，所以说应该非常的感谢我们很多的学生，我们教过的学生不远千里来到北京参加这个研讨会。

这个研讨会应该说是处于现在一个阶段，不能开乱七八糟的会议，必须是要这个正规的研讨会。这个会从题目来说，它的主要目的还是要发扬我们北京科技大学在岩石力学教育方面是全国最早开展岩石力学教育的学校，也是培养岩石力学研究人才的学校。这个题目的意思就是要回顾一下我们北京科技大学从事岩石力学教育做了哪些工作，特别是我们教育的学生从事国家的重大技术工程做了哪些工作、取得哪些成就，说明岩石力学教育对于我们国家国民经济的发展有多么重要的作用。今天听了以后，北京科技大学的岩石力学教育确实培养了一大批的人才，包括特别是工程建设的人才、管理的人才，出了一批专家包括好几个校长、很多集团的董事长，应该说为国家的建设作出了很多的贡献。我听了很高兴，所以今天是见到了大家的面了，好多学生毕业以后没有见过面，今天有机会与大家见面了，这应该是最高兴的。教师的成就应该就是培养学生，我有一句名言就是，培养学生是我们教师的终身成就，而且培养的学生取得这么大的成就，为国家作出这么大的贡献，心里更是高兴，确实高兴，很高兴，而且今天在这个会上很多老师啊、朋友啊，也还有些院士专家对我都给予了很高的评价，我很感谢，同时也很高兴。一个人做了事，别人根本想不起来，把你忘了那你就失望了，有人来表扬你当然高兴，是这么回事。

（台下掌声）

谢谢大家，谢谢。在这样一个氛围之下，今后还是继续努力吧，把工作做得更好。刚刚我们来的很多我的学生很关心我的身体，我谢谢大家，谢谢大家，我今后确实也要注意身体，要加强锻炼，控制好自己。但是有该做的事，能做的还要继续做，这是无底的事，除非到最后什么都干不了了，那就没办法了啊。只要在一天，还继续做一天能做的事。对于大家的关心，我是确实非常的感谢，非常感谢啊。还有一个要说的话就是我为我们培养的学生取得这么大的成就感到自豪，而且我觉得我们北京科技大学的所有老师都应该感到自豪。

原来定的时间是 5 点，现在已经过了点，所以其他的我就不说了。因为白天全天开会，没有一个休闲的时间，后来考虑为了使大家有一个更好的交流机会，今天晚上增加了一个聚会的环节。大家还有 2 个多小时的时间可以好好地聊一聊，更好地相互交流了解一下，可以增进我们之间的友谊，特别是我们这个圈子里面把大家自己人的情况交流了解一下，便于以后更好地配合交流。

大家一会儿可能还要等将近 1 个小时吧，因为这个会场需要整理以后准备吃饭，所以我就讲这么多了。

谢谢大家！

第五部分

特邀嘉宾
及与会代表名单

附表：主要参会人员名单

序号	姓名	单 位	职务/职称
1	杜时贵	宁波大学	中国工程院院士，岩石力学研究所所长/教授
2	王 媛	河海大学	水利水电学院院长，原北京科技大学土木与资源工程学院院长/教授
3	周宏伟	中国矿业大学（北京）	能源与矿业学院院长/教授
4	鞠 杨	中国矿业大学（北京）	煤炭资源与安全开采国家重点实验室常务副主任/教授
5	赵毅鑫	中国矿业大学（北京）	科学技术研究院院长/教授
6	张 晞	中国矿业大学（北京）	机电与信息工程学院院长/教授
7	刘江天	中国黄金集团	科技部副经理/教授级高级工程师
8	孟玉勤	河南科技大学	党政办公室主任
9	冯 涛	中国科技出版传媒股份有限公司（科学出版社）	编辑
10	蔡嗣经	北京科技大学	原教务处处长/教授
11	倪 文	北京科技大学	原土木与环境工程学院党委书记/教授
12	金龙哲	北京科技大学	原土木与资源工程学院院长、党委书记/教授
13	刘 立	北京科技大学	原高等工程师学院院长/教授
14	张俊燕	北京科技大学	数理学院党委书记/教授

续表

序号	姓名	单　位	职务/职称
15	邢奕	北京科技大学	能源与环境工程学院院长/教授
16	林海	北京科技大学	原能源与环境工程学院党委书记/教授
17	张卫钢	北京科技大学	原保卫保密处处长
18	马飞	北京科技大学	机械工程学院院长/教授
19	尹升华	北京科技大学	人事处处长/教授
20	耿倩男	北京科技大学	土木与资源工程学院党委书记
21	胡乃联	北京科技大学	原土木与环境工程学院副院长/教授
22	吕祥锋	北京科技大学	科学技术研究院副院长/教授
23	宋存义	北京科技大学	原环境工程系主任/教授
24	王金安	北京科技大学	原土木工程系主任/教授
25	朱维耀	北京科技大学	建筑环境与能源工程系主任/教授
26	明世祥	北京科技大学	教授
27	谢玉玲	北京科技大学	教授

续表

序号	姓名	单　位	职务/职称
28	刘娟红	北京科技大学	教授
29	王炳文	中国矿业大学（北京）	教授
30	刘永才	北京科技大学	教授
31	周志鸿	北京科技大学	教授
32	白晨光	北京天恒建设集团有限公司	副总经理、技术中心主任
33	李　超	西安科技大学	安全科学与工程学院教务主任/高级工程师

以下参会的人员主要是蔡美峰教授指导过的博士后、博士生和硕士生，以及科研团队的主要成员

34	乔　兰	北京科技大学	教授
35	李长洪	北京科技大学	教授
36	何怀峰	中国地质物资有限公司	董事长、党委书记/教授级高级工程师
37	孔广亚	国家能源集团	经理/研究员
38	王双红	托克投资（中国）有限公司	工程师
39	张功成	中海油研究总院	科技咨询委员会主任/教授级高级工程师

续表

序号	姓名	单　位	职务/职称
40	程学军	北京筑之道工程技术有限公司	教授级高级工程师
41	卢清国	北京工业大学	教授
42	刘朝马	浙江理工大学	教授
43	纪洪广	北京科技大学	深地岩体工程科学研究院 常务副院长/教授
44	张明华	中国地质调查局发展研究中心	副总工程师/教授
45	王　亮	中海企业发展集团有限公司	助理总经理/高级工程师
46	牛京考	中国钢铁工业协会	原科技中心主任/教授级高级工程师
47	李治平	中国标准化研究院	副院长/高级工程师
48	张政辉	中招联合信息股份有限公司	副总裁/高级工程师
49	赵学亮	东南大学	系主任/副教授
50	谭文辉	北京科技大学	副教授
51	万林海	北京金成投资有限公司	总经理/教授
52	杨建辉	浙江科技学院	教授

续表

序号	姓名	单　　位	职务/职称
53	赵　奎	江西理工大学	院长/教授
54	来兴平	西安科技大学	校长/教授
55	王建国	中国地质大学（北京）	教授
56	纪　赢	北京歌华文化发展集团 有限公司	
57	王成锡	中国地质调查局发展研究中心	资料服务室主任/教授级高级工程师
58	蒋斌松	中国矿业大学	教授委员会副主任/教授
59	金爱兵	北京科技大学	副院长/教授
60	王　鹏	泛华建设集团	岩土勘测院院长/教授级高级工程师
61	乔登攀	昆明理工大学	教授
62	苗胜军	北京科技大学	院长/教授
63	欧阳振华	华北科技学院	副院长/教授
64	裴佃飞	山东黄金集团	党委常委、副总经理/正高级工程师
65	杜　青	河北工业大学	教授

续表

序号	姓名	单　位	职务/职称
66	甘德清	华北理工大学	教授
67	姬同庚	河南省机场集团有限公司 工程建设指挥部	总工程师/教授级高级工程师
68	马芹永	安徽理工大学	处长/教授
69	任奋华	北京科技大学	教授
70	田　多	华北科技学院	教授
71	戴华阳	中国矿业大学（北京）	教授
72	傅金祥	沈阳建筑大学辽河院	院长/教授
73	杨　军	中信和业投资有限公司	城市更新事业部副总经理/高级工程师
74	樊少武	煤炭科学技术研究院有限公司	副总工程师/研究员
75	李培良	应急管理部信息研究院	矿山所副所长/教授级高级工程师
76	连民杰	中钢矿业开发有限公司	董事长、党委书记/教授
77	刘冬梅	浙江理工大学	教授
78	王克忠	浙江工业大学	所长/教授

续表

序号	姓名	单　　位	职务/职称
79	王培月	山东黄金集团有限公司	原山东黄金股份有限公司 总经理/研究员
80	王树仁	河南理工大学	国际联合实验室主任/二级教授
81	吴承霞	广州城建职业学院	二级学院院长/教授
82	张丽华	华北科技学院	建工学院院长/教授
83	谢谟文	北京科技大学	教授
84	徐万才	中建国际建设有限公司	基础设施事业部副总经理/高级工程师
85	李江峰	北京天庆房地产	副总经理
86	冯锦艳	北京航空航天大学	土木系党支部书记/副教授
87	高永涛	北京科技大学	教授
88	孔留安	河南科技大学	校长/教授
89	李春雷	中国水利水电科学研究院	副书记/教授级高级工程师
90	李　铁	北京科技大学	教授
91	李志远	中国电建集团 北京勘测设计研究院	教授级高级工程师

续表

序号	姓名	单　位	职务/职称
92	刘月妙	核工业北京地质研究院	正高级工程师
93	璩世杰	北京科技大学	教授
94	夏晓鸥	矿冶科技集团有限公司	原董事长、党委书记/正高级工程师
95	杨万斌	山西能源学院	系主任/教授
96	张举兵	北京科技大学土资学院	副教授
97	周　毅		美国杰出人才/教授
98	刘玉祥	黑龙江建龙矿业集团	总工程师
99	杨建永	江西理工大学	教授
100	侯昭飞	五矿盐湖有限公司	党委书记、董事长/高级工程师
101	贾金禄	建设综合勘察研究设计院石油工程公司	总经理/教授级高级工程师
102	宿文姬	华南理工大学	副教授
103	薛　刚	内蒙古科技大学	教授
104	尹伯悦	国际标准化组织（ISO）装配式建筑分委员会	主席/教授级高级工程师

续表

序号	姓名	单　位	职务/职称
105	张立杰	西安音乐学院	党委书记/教授
106	朱青山	安徽马钢矿业资源集团有限公司	高级调研员/正高级工程师
107	史玲	山东农业大学	讲师
108	吴豪伟	北京科技大学	纪委副书记/副研究员
109	胡炳南	煤炭科学研究总院	研究员
110	刘辉	北京市城建研究中心	高级工程师
111	赵星光	核工业北京地质研究院	副所长/研究员
112	高荫桐	中国爆破行业协会	驻会副会长/正高级工程师
113	石祥锋	华北科技学院	建工学院副院长/高级工程师
114	刘海波	华北科技学院	副教授
115	李角群	辽宁科技大学	教授
116	马利科	核工业北京地质研究院	项目部副总经理/高级工程师
117	齐宝军	中国冶金矿山企业协会	副总工程师/教授级高级工程师

续表

序号	姓名	单位	职务/职称
118	朱育成	中建浙江投资有限公司	副总经理/高级工程师
119	田莉梅	廊坊师范学院	系主任/副教授
120	刘艳	北京市应急管理科学技术研究院	高级工程师
121	路增祥	辽宁科技大学	矿业学院院长/教授
122	邱海涛	华北科技学院	讲师
123	李晓璐	水利部河湖保护中心	副处长/研究员
124	郭奇峰	北京科技大学	土木工程系书记/副教授
125	黄正均	北京科技大学	土木建能实验室主任/高级工程师
126	刘金辉	金山（香港）国际矿业有限公司	总地质师/工程师
127	闻洋	内蒙古科技大学	重点实验室主任/教授
128	肖剑	中冶交通建设集团有限公司	总工程师/正高级工程师
129	张俊英	煤炭科学技术研究院有限公司	安全分院总工程师/研究员
130	孙锐	远洋集团控股有限公司	投资总监

续表

序号	姓名	单　位	职务/职称
131	杜振斐	矿冶科技集团有限公司	高级工程师
132	陈　明	内蒙古科技大学	副校长/教授
133	李萍丰	宏大爆破工程集团有限责任公司	副总经理/教授级高级工程师
134	廖小康	湖南省工业和信息化行业事务中心	副部长
135	王　潇	北京中大科技发展有限公司	总经理/高级工程师
136	吴文萃	深圳市中兴新云服务有限公司	产品经理
137	冀　东	潍坊学院	副教授
138	刘志强	中国煤炭科工集团	首席科学家/研究员
139	马　壮	矿冶科技集团有限公司	人力资源部招聘主管/高级工程师
140	李正胜	华北科技学院	讲师
141	彭　超	山东黄金集团	主任工程师/高级工程师
142	刘焕新	山东黄金集团深井开采实验室	主任助理/高级工程师
143	曹　辉	北京科技大学	教授

续表

序号	姓名	单 位	职务/职称
144	闫振雄	攀枝花学院	科长/讲师
145	黄佳璇	浙江科技学院	讲师
146	吕 鹏	宁德时代新能源科技股份有限公司	总裁助理/高级工程师
147	席 迅	北京科技大学	副教授
148	张少杰	中国恩菲工程技术有限公司	高级工程师
149	陈倩男	北京科技大学	工程师
150	翟 济	中交第一航务工程勘察设计院有限公司	工程师
151	杜伟嘉	中铁第六勘察设计院集团有限公司	副科级职员/工程师
152	李 钊	建研地基基础工程有限责任公司	分公司工程部经理/工程师
153	陈振鸣	中国航天科工集团二院	副处长/高级工程师
154	刘亚运	北京市住房和城乡建设委员会	工程师
155	王宏伟	中化商务有限公司	总经理助理/工程师
156	王 攀	岭郅中国公司	

序号	姓名	单　位	职务/职称
157	王培涛	北京科技大学	副教授
158	刘文胜	安徽马钢矿业资源集团	技术中心副主任/高级工程师
159	武　旭	北京市市政工程研究院	岩土中心副主任/高级工程师
160	李　鹏	北京科技大学	讲师
161	刘洪涛	陕西太合智能钻探	市场部负责人
162	颜丙乾	煤炭科学研究总院	科研专员
163	张　英	北京科技大学	讲师
164	郭利杰	矿冶科技集团有限公司	副所长/教授级高级工程师
165	张晓勇	北京科技大学	
166	汪　敏	南华大学	讲师
167	潘继良	北京科技大学	讲师
168	梁明纯	北京科技大学	博士生
169	吴星辉	枣庄学院	讲师

续表

序号	姓名	单位	职务/职称
170	张 杰	中国恩菲工程技术有限公司	工程师
171	刘文俊	北京大学无锡转化院	办公室主任
172	董致宏	北京科技大学	博士生
173	董建伟	山东黄金（莱州）有限公司焦家金矿	采矿技术主管/助理工程师
174	刘海龙	北京华夏建龙矿业科技有限公司	科技主管/工程师
175	冯志楼	北京科技大学	博士生
176	朱海华	河南科技大学	讲师
177	杨建明	中国黄金集团	中级工程师
178	洪 伟	北京科技大学	硕士生
179	李守奎	北京科技大学	硕士生
180	高义军	安徽马钢罗河矿业有限公司	副总经理/高级工程师
181	马 驰	北京科技大学	博士生
182	毕 坤	北京科技大学	硕士生

续表

序号	姓名	单　　位	职务/职称
183	蒋永何	北京科技大学	硕士生
184	马毓廷	北京科技大学	硕士生
185	荆国业	北京中煤矿山工程有限公司	分院副院长/研究员
186	宁泽功	北京科技大学	博士生
187	方明华	北京科技大学	硕士生
188	郭国龙	北京科技大学	硕士生
189	殷　雄	北京科技大学	硕士生
190	冯献慧	北京科技大学	博士后
191	李　远	北京科技大学	系主任/教授
192	孙利辉	河北工程大学	教授
193	谢守冬	宏大爆破工程集团有限责任公司	党委书记、总经理/高级工程师
194	马海涛	中安国泰（北京）科技有限公司	总经理/教授级高级工程师
195	郑　宇	清华大学建筑设计研究院	结构所所长/教授

续表

序号	姓名	单 位	职务/职称
196	张 伟	广州地铁设计研究院股份有限公司北京人防工程设计分公司	副院长
197	焦申华	北京筑之道工程技术有限公司	总工程师
198	张 磊	北京科技大学	实验中心副主任/高级工程师
199	聂世勇	河南省企业联合会、企业家协会	研究工作部部长
200	田连涛	河南省企业联合会、企业家协会	
201	由 爽	北京科技大学	教授
202	王 宇	北京科技大学	教授
203	单鹏飞	西安科技大学	榆林研究院副院长/教授
204	曹建涛	西安科技大学	副教授
205	李庆文	北京科技大学	副教授
206	杜 岩	北京科技大学	副教授
207	宋正阳	北京科技大学	副教授
208	张月征	北京科技大学	副教授

续表

序号	姓名	单　　位	职务/职称
209	李　飞	北京科技大学	副教授
210	刘力源	北京科技大学	副教授
211	向　鹏	北京科技大学	讲师
212	张庆龙	北京科技大学	讲师
213	李　淼	内蒙古科技大学	讲师